隔三岔五

崔克顶 著

宁波出版社

图书在版编目（CIP）数据

隔三岔五 / 崔克顶著 . -- 宁波 : 宁波出版社，
2025.4. -- ISBN 978-7-5526-5646-6
Ⅰ. B821-53
中国国家版本馆 CIP 数据核字第 2025RB4772 号

隔三岔五
GESANCHAWU

崔克顶　著

责任编辑	晏　洋
责任校对	余怡荻
出版发行	宁波出版社
地址邮编	宁波市甬江大道 1 号宁波书城 8 号楼 6 楼　315040
装帧设计	金字斋
印　　刷	宁波白云印刷有限公司
开　　本	710 毫米 ×1000 毫米　1/16
印　　张	20
字　　数	300 千
版　　次	2025 年 4 月第 1 版
印　　次	2025 年 4 月第 1 次印刷
标准书号	ISBN 978-7-5526-5646-6
定　　价	68.00 元

如发现缺页或倒装，影响阅读，请与出版社或印刷厂联系调换
电话：0574-87248279（出版社）
　　　0574-87328764（印刷厂）

○ 序

为了尽可能清醒地远行

一

从小到大,除了课上课下对那些所谓"自然科学"的纠结和烦恼,你还有过其他困惑不解的问题吗?有过因困惑而莫衷一是,进而影响你所作所为的经历吗?

小时候,是不是有很长的一段时间,都在坚定地认为:调皮捣蛋是聪明孩子的标志,至于勤奋,那是笨蛋才干的事?那时的你,最愿意听到的夸奖是不是说你聪明,而不是说你勤奋?

大学时,是不是为能在宿舍里卖点蜡烛、方便面之类的"针头线脑"而窃喜不已?用这种方式换来的"散碎银两",是不是远比得到奖学金更能让你有成就感?那时的你,是不是迷茫于像钱钟书他们那样去"横扫"图书馆到底会有多少"现实"的意义?

工作后,最惬意的事是不是流连于各种饭局、周旋于各种交际?尽管嘴上说的是千般的不愿、万般的无奈,但仍然乐此不疲。一次饭局不到,一次交际未被邀请,也会独自"黯然神伤"许久。至于按时回家吃饭睡觉,是不是那时的你认为,最没出息的人干的最没出息的事?

蓦然回首,昔日那些勤奋的"笨蛋",是不是好多已经学业有成、术有专攻?似乎很早就显示出"商业头脑"的你,是不是还折腾在"奔小康"的路上?觥筹交错的喧嚣,是不是在真正需要朋友的时候,却消失得无影无踪?

或者,勤勉谨慎的你,对那些"油腔滑调"的儿时玩伴,是不是甚至还没有来得及尽情表露所谓轻慢之态,他们却早已"腰缠万贯""富甲一方"?

你在殚精竭虑,一步一个脚印的时候,眼中那些所谓"好高骛远"的昔日同窗、同事,抑或同龄人,好多是不是早已"长袖善舞""平步青云"?

就算"富甲一方""平步青云"的那一位正好是你,是不是也会在夜深人静之时,感到自己越来越游走在沾沾自喜和患得患失的边缘,而很难再鼓荡起昔日的激情,很难再触碰到内心深处的那份宁静?

甚至,是不是在潜意识里坚持认为自己一贯正确,而对别人的任何言语和行动都要横加指责和冷嘲热讽?或者,是不是感到自己一无是处,听到任何一句所谓"名人名言"都一股脑地认定它就是人生灯塔?是不是在人生的十字路口,迷茫于究竟应该选哪一条路?困惑于对这样的选择采用"扔鞋"的方式到底可不可行?

是不是一直梦想做"老大",而始终无从下手、从未实现?是不是根本不懂什么是"信仰",而对一切所谓"虔诚"嗤之以鼻?是不是面对突发事件,总是手足无措、应对失策?所有的这些,无论成功或失败,无论顺利或坎坷,是不是曾经认为是"命中注定"?甚至直到现在,还不能辨别出这种认识的根源和对错?

类似这样,许许多多的困惑是不是直到现在仍与你如影随形?

二

有人说,人生不是百米冲刺或短道速滑。它更像一场马拉松,是一次可能长达好几十年的远行。你没有办法选择这次远行的起点。但为了终点,为了那个心存美好的远方,必须启程,去跋涉那一条漫漫的人生长路。

打点行囊。

装载上富贵吗?那为什么会有孟子的"君子之泽,五世而斩",以及民间不要"坐吃山空"的谆谆告诫?

收纳进聪颖吗?那为什么"聪明反被聪明误"的事例古今中外屡见不鲜?三国时那个"聪明绝顶"的杨修,就是一个典型代表。

依靠勤勉吗?历史用层出不穷的揭竿而起的实例,不厌其烦地告诉我们,不是他们活得不耐烦了,而是单纯靠勤劳,有时候真的换不来能使他们活下去的希望。

凭借道德的力量吗？那秦孝公为什么没有按他先祖秦穆公在《秦誓》中"曰"的那样，挑选"断断猗无他技"的臣子，去"以保我子孙黎民"？相反，"巧取豪夺"千里河西、渭水河岸刑杀700余人。"其天资刻薄人也"的"商君"，为什么却奠定了原本弱小的秦国，逐渐走向强大的坚实基础？

能力最重要吗？"撼山易，撼岳家军难"中的主角岳鹏举，差的是"直捣黄龙"的能力吗？为什么却背负"莫须有"的罪名而魂归风波亭？

如果以上列举的这些不是，或不全是，那我们远行的背囊，究竟要装载些什么呢？带着这样的困惑上路，却无时无刻不在渴望着对它们的顿悟。可没想到连顿悟本身，也会令我困惑不解。因为在很长的一段时间内，没有人能真正告诉我，佛教中说的"顿悟"到底是怎么回事？为什么"一片树叶"或"一声呐喊"皆可使其顿悟？

就这样，一个困惑未解，另一个迷茫又起。

我困惑于成就一番事业，究竟靠的是脚踏实地，还是阴谋诡计？我迷茫于人格与欲望、尊严与利益之间的区别和联系。我不明白张扬和含蓄，两个截然不同的性格哪个更具魅力？我搞不清楚当"忠孝不能两全"时，究竟应该怎样抉择？我纠结于《厚黑学》到底是李宗吾的调侃还是信条？我不知道物欲横流的世界，还需不需要像《小窗幽记》《菜根谭》和《围炉夜话》里所说的那样的宁静和智慧？

很多很多看似杂乱无章、形形色色的困惑如影随形，并深深地嵌进了我的所作所为，令我左右摇摆、无所适从。

而你，是否还在为以前因无知而犯下的错误悔恨不已？是否还在毫无定见地人云亦云？是否还在为很多问题没有找到令自己心悦诚服的答案而四顾茫然？是否还在言行不一？是否还在粉饰太平？是否还在左右摇摆？对已经逝去的那些时光，是否认为，原本应该更精彩一些？更问心无愧一些？更理直气壮一些？更心安理得一些？

之所以没有做到，是不是当时的你根本不知道怎么去做？而现在，是否仍然处于懵懂之中？而我，一贯坚定地认为人类本来就是在"懵懂"中前行的。只要不是狂悖地否认你是人类的一员，那就绝无永远正确的可能。只不过，需要时时审视你的这种"懵懂"，用尽可能的清醒去无限接近能够使你心安理得的那个

"正确"。尽管这里的"正确"根本不是那个纯粹的正确，但只要你时时都能真正做到心安理得，就已足够。

为此，我曾努力地把思维聚焦在世俗的塔尖，企图用胜利来代表正义。可是，历史上那些车载斗量的胜利者，究竟有几个代表着正义？楚汉战争中胜出的刘邦，鄱阳湖大战中胜出的朱元璋，玄武门政变中夺权的李世民，还有陈桥兵变后黄袍加身的赵匡胤……

我是应该相信他们在轮流上演着"胜者王侯败者寇"的故事，还是应该相信他们就是正义的化身？

然而，我又分明看到，东汉末年的那个"胜利者"曹操，曾经用五色杀威棒杖毙恶霸蹇图。那可是深得汉灵帝宠信，且手握重兵的权阉蹇硕的叔叔。曹操也曾只身犯险去刺杀董卓，那担当的岂止是掉脑袋的干系。他还曾经在"十八路诸侯"心怀鬼胎、按兵不动的时候，敢于孤军深入而险致丧命。

当然，还有孙坚。他也曾经和曹操一样，为了他们所谓"大业"，有过不顾个人安危、冲锋陷阵的勇气和经历。同样，他也成就了"胜利者"的殊荣。他们的这些行为举动，即便不代表着正义，即便不使你肃然起敬，至少也能使我们从中看到，我们与他们这些"胜利者"之间的差距，何止天壤之别。

我也努力地想去逢迎，甚至粉饰所谓道德的光芒，以求我的思考和言行更具启迪人心的力量。但是，我又不得不承认，道德不能解决所有的问题，起码对付外敌的入侵，讲理从来就不是一个好办法。而且，我还坚定地认为，一切妄图以所谓道德，来解决诸如此类被侵略的言行，最后无疑是自取其辱。然而，我更加不得不承认，道德一经沦丧，"讲理"一经被"强权"取代，那才真的是万劫不复。

我有过非此即彼的固执，曾试图去解释，成就"大业"，要么需要斗狠狡诈，要么依靠宽仁厚德。我也有过兼容并蓄的尝试，曾试图去求证一半是天使，一半是魔鬼如何能够有机的统一。我还有过对怪力乱神的猜测，以及对圣人显学的崇拜和借鉴。

慢慢地，我开始明白，任何有违于自己独立思考和领悟的东西，哪怕再光鲜亮丽地闪烁着璀璨的光芒，也难以照亮自己前行的路。就像月光再皎洁也不会让我们感到温暖一样，因为它只是在反射太阳的光芒。

我越来越感到，内心坚信的声音才会传达力量，深思熟虑的声音才能为前行壮胆，有价值的声音至少应该具备清醒的特质。因为我坚信清醒是思辨的前提和基础，而思辨又总是透过个人的精神状态和心理素质，去独立而自由地表达人生感悟以及对这个世界的看法，无胁迫、无压力、无谄媚、无谎言。也就是说，清醒是你真正达到精神愉悦和心理满足的条件和保障。

我钟情于人生是一次远行的说法。我不认为有人会在这次远行中一直走在正确的路上，也不认为在这条路上的每一个人都能心想事成。正因为事与愿违总是在所难免，所以我们可以承受挫折，也可以容忍失败。但我们至少应该保持一份清醒，用来审视和调整我们曾经凌乱的脚步，去阻止挫折蔓延成苦难，去防范失败成为我们的习惯。

所以，为了探寻人生中那个"百媚千红"的终点，我们可以清空几乎所有的装备，只要尽可能满载那一份清醒，伴随着心中的那份渴望，一起前行。

三

我以隔三岔五的方式集结这些困惑和思考。

而且，我也认为只有隔三岔五这种方式，才能汇集对生活的点滴愚见。因为，人生本来就是由一个又一个"片段"连缀而成，也因为崎岖需要去经历，思考需要去发酵。还有最重要的，是因为我们是普通人，没有传说中所谓天纵英才和蕙质兰心。我们和他们最大的区别就在于，我们需要时间去学习和实践。而这种学习和实践的时间，对于他们来说，可能就在所谓"须臾"之间。

面对这样的差别，你最好不要去否认，更没有必要处心积虑地试图去求证其正确性。道理不是显而易见的吗？对于"软件"，你可能会雾里看花。那对于"硬件"，怎么可能不是一目了然？除非你顽固地对此视而不见。而这样的顽固，对你有百害而无一利。

"知人者智，自知者明"不仅是"醒世恒言"，更是你远行的真实起点，"鱼跃龙门"的切实根基。当然，如果你坦诚地认识到自己就是一个普通人，那也完全没有必要妄自菲薄，更不能自暴自弃。因为，我们需要的，仅仅就是多一点时间而已。而时间就像海绵里的水，挤挤总是会有的。

其实，这就像孔子所说："或生而知之，或学而知之，或困而知之，及其知之，一也；或安而行之，或利而行之，或勉强而行之，及其成功，一也"。意思就是：对于有些道理，有的人天生就懂得；有的人学习了才懂得；有的人必须遭遇困惑后才会去学习，然后懂得。但无论怎样，只要他们懂得之后，就一样了。

有的人自然而然就能够按照这样的道理去实行；有的人为了图利才去实行；有的人需要克服困难，勉力而行。但无论如何，等到他们成功践行这样的道理之后，也是一样的了。所以，即便我们是普通人，只要我们勤于学习、勇于实践，一段时间过后，我们和那些"天纵英才"的人相比，也不会有什么区别。

这其实就是告诉我们不要眼空四海，但是更不需要妄自菲薄的根本原因。何况还有"大惑大悟，小惑小悟，不惑不悟"的谆谆告诫呢。也就是说，你的困惑越多越大，你体悟后的收获相应也会很多很大。

以此书献给那些还努力航行在漫漫黑夜中的"航船"——虽努力上进而暂无成就，虽稍有所成而患得患失。试图使那些被困惑笼罩和压抑的人探出头来，尽可能地避免不知而盲行、错知而误行，尽可能做到真知而实行。

在此，更重要的是，你要去身体力行，因为实践永远是检验真理的唯一标准。当然，还因为阳明先生的"知行合一"。少点妄自菲薄，少点夜郎自大，进则实至名归，退则怡水乐山。灵魂和肉体尽可能地相互提携、帮衬，达到合二为一。快乐着既有的快乐，追求着应有的追求，尽可能清醒并踏实地活着。

这本书是普通人的困惑，平凡人的思考，是安于普通和平凡的基石。同时，也在期待着风云际会，去成就那鱼龙变化的跳板。

目 录

引 言 / 01

一、没有航船会漫无目的地随意漂泊

方　向 / 05

机　会 / 11

突　破 / 19

变　通 / 29

二、正确之路上，需要负重前行吗

借　鉴 / 41

天　赋 / 49

负　重 / 55

三、争气仅仅是为了面子光鲜吗

面　子 / 65

拒　绝 / 73

争　气 / 83

四、幌子不能用作欺骗自己

幌　子 / 95

表　演 / 105

仪　式 / 115

五、七彩人生，怎样演绎出各自的峥嵘

情　绪 / 125

个　性 / 133

抗　争 / 139

妥　协 / 147

六、视角局限下，如何调整航向

视　角 / 157

崇　拜 / 165

气　数 / 173

七、打开格局，需要技术性的手段和方法

格　局 / 183

宽　容 / 191

信　任 / 199

八、有病就得治

势　利 / 211

心　机 / 221

九、因为"久为不学",所以"群魔乱舞"

为　学 / 231

专　业 / 239

十、找准平台后"修行",才会事半功倍

圈　子 / 251

修　行 / 259

十一、如何抵达出发时心中的那个终点

危　机 / 271

坚　守 / 279

远　见 / 287

后　记 / 299

引 言

预知未来,是原始的天性;

预测未来,是本能的冲动。

今日的汗流满面、苦心劳形,谁能肯定不是源于对"天将降大任于是人也"的坚定信仰?因为风雨之后才可能出现的那道美丽彩虹,甚至是"上帝与人类的约定"。

没有对未来根深蒂固的期待,没有对美好与生俱来的向往,我们凭什么远行?靠什么去承受挫折,经历苦难和迎接明天?

"冬天到了,春天还会远吗?"

我们就是这样,在根深蒂固和与生俱来的强烈预知渴求和预测驱动下,开始我们的所作所为。

或对或错。

孰对孰错?

一 没有航船会漫无目的地漂泊

方 向

你不能没有方向,但你不大可能永远走在正确的路上;
道路总有曲折,但前行的你不能没有信仰。

我们要生存和发展,就必须劳作。要劳作,就要有明确的方向和具体的目标。

为了高效的劳作,我们学会了思考;为了复杂的劳作,我们开始了合作。思考决定着行动,个性的思考千差万别,由此产生出来的差异行动也就很难达成真正的合作。

为了高效的合作,必须把一种思考确定下来,并固化在人们的头脑中用来指导共同的行动。这样的思考就慢慢汇集成了我们的信念。

坚守信念,是我们对正确的渴望;坚持方向,是我们对前行的追求。即便我们会在错误中煎熬,即便我们会在崎岖中挣扎,但这又有什么大不了。我们本来就是在修正着错误,挣扎着前行。

只要拥有这份渴望,对正确的渴望;只要拥有这份追求,对前行的追求,我们就可能拥有做人的良知、做事的方向及前行的动力。

依此,去廓清迷雾、调整步伐,信心十足地去寻找光明,追求幸福。

方　向

一

这里说的方向,就是回答明天会怎么样。

这是任何一个相对成功的组织或个人,都必须首先明确的。大到国家、政党和宗教,小到企业、家庭和个人,想要发展和有所作为,就一定要勾勒和描绘出未来的方向。

为什么?

因为我们需要前行的动力。方向是这种动力的最好源泉。一般来说,这个方向可以是看似遥不可及的终极目标。像宗教描绘的终极的幸福那样,甚至需要几世的修炼和轮回才能达到。它也可以是触手可及的阶段性目标。像我们希望的考个好大学或学成一门手艺那样,通过一定时间的努力就能达到。它可以是曹操那种"望梅止渴"式的灵光乍现,用来提振人们的信心。它也可以是我们普通人那种潜移默化的心底涌动。虽然一直没有被提起,但从来不曾忘记,似乎说不出那个具体的方向,但总是心存美好和希望。

对于个人来说,通常意义上,一开始,这个方向可以是你和别人认为的任何形式,或根本就没有形式。但唯一恒定不变的是,你总要主动或下意识地选择一种去相信。这种相信就是信仰的雏形,而信仰正是方向的精神和灵魂。

这里说的方向可以由世俗的"成败得失"去体现和衡量。所以,任何方向都无可避免地带着点所谓"刻意"的成分和"功利"的属性。但这里说的信仰,不是幌子,你不可能用它去掩盖什么,或祈求什么。它是超越荣耀和苦难的一种深信和坚守,是根植于我们内心深处的一种自然流露。不因成功而趾高气昂到得意忘形，不因失败而妄自菲薄到一蹶不振。它可以静静地见证万物喧嚣，能够默默地守候沧海桑田。它沉静如磐石，不会轻易地随着外界的纷扰而左右摇摆。选择一种坚守，同时也就选择了一种理想。也就是说，这种坚守的外在体现就是我们常说的志向和理想。透过这样的志向和理想，我们能够清楚地看到：之所以沉默，是因为孕育着积淀；之所以坚守，是因为强烈的期盼。我们沉静的外表之下，其实早已波涛汹涌、激情四溢，只为我们选择的那个方向。这就是，怀揣信仰，通过既定的方向，来实现我们的志向和理想。

"卑鄙是卑鄙者的通行证，高尚是高尚者的墓志铭。"你的选择将决定你别样的人生走向。你的相信将决定你会怎样的迎难而上。选择喧嚣，你就要适应鼎沸，承受繁华的重负和光影褪去后的落寞与孤寂；选择宁静，你就要学会致远，甚至放弃一些可能得到的名和利。尽管你必须要为你的选择进行取舍并付出代价，尽管就算你有了无比明确的方向，还是要不断地调整、修改直至完善你具体的道路，但这根本区别于你没有方向的误打误撞。因为那样只会使你因摇摆不定而终无所获。

二

怀着切实的"敬畏"之心，你尽可以去放大你的志向和理想。

当然，这样的志向和理想，与财富及权势无关，与世俗的成功或失败无关，与身份的贵贱和行业的差别无关。它只关乎你的兴趣、技能以及你对这个世界的看法和表达。一点也不用担心它会沦落为好高骛远，因为未来一定是自然和人类合力作用的结果。所以，明天的现实，无论如何都会比你个人今天对它的憧憬要精彩得多。对于个人来说，你只可能"好"得不够高，"骛"得不够远，何来好高骛远？

一点也不用担心，它会和世俗的所谓志大才疏或眼高手低相提并论。相反，"志大"是基于自身对未来的稍高预期，而"眼高"恰恰反映着你的欣赏水准高。两者的完美结合，正是天衣无缝地诠释了你足以驾驭这样高远的志向。至于"才疏"和"手低"，那只是一种状态和过程，属于计划和步骤的范畴，是任何人在前行时，都必须经历的一个阶段而已。应对它，你需要做的只是依据明确的方向，分解成阶段性的目标，列出具体的计划，分步骤的去一一实现罢了。

也就是说，方向是你对未来或某一段未来相对终极的预期。目标是你在朝着这个方向前行时，制订的具体计划和实施这个计划的步骤。而志向，是注入了信仰，有了精神和灵魂的方向。因其信仰，才可能使这个方向更加神圣、美好和精彩。为了不错过这份神圣、美好和精彩，甚至能够参与其中，在今天，你不妨把志向和理想定得尽可能高一点，再高一点。

而且，只要有信仰，知敬重，守底线，懂进退，致良知，那么，志向越远大，你心中的那个未来就越美好，也就越能激发和调动你潜在的兴奋点和积极性。你就会如饥似渴地汲取而不知疲倦，争分夺秒地跋涉而不轻易地停留。

与远大的目标相比，你只会感到学得不够多，做得不够好，哪里还会因为多读了两本书，就认为自己学富五车？哪里还会因为取得些许成绩，就眼空四海？哪有时间为蝇头小利去斤斤计较？哪里有精力为钩心斗角去机关算尽？

李隆基面对祖母武则天赏赐的稀世珍宝无动于衷；王守仁从"格"竹子到龙场悟道的心无旁骛。因为他们一个心怀天下，一个倾心圣贤。他们都清楚地知道，"山"在那里等着他们。他们要的是"会当凌绝顶"和"一览众山小"。难怪诸葛亮除了留下"志当存高远"，还谆谆告诫后辈要"问之以是非，而观其志"。可见他对志向远大、信仰坚定是多么的看重。

如果你认同以上的叙述，那么，反过来，我们怎样去判断一个人的潜质？如何去考量一个企业的未来呢？怎样才能做到尽可能准确地预测未来，从而尽可能准确地预知未来呢？也就是说，如何从我们今天的所作所为、成败得失，去推断我们的邪恶良善，去判断我们未来的走向，并以此修正我们的思想和行为，去追求更加美好的未来呢？

很显然，方向的选择，即有没有方向，有什么样的方向应该成为重要的指标。因为明确的航向是克服对大海的恐惧与迷茫及节省动力最有效的方法。因为信仰总是和力量结伴前行。

选择方向之后还有没有其他的指标呢？回答是肯定的，而且很多，我们慢慢聊。

机 会

没有机会，谈何"功成名就"？
有了机会，也未必就一定能够天遂人愿。

波诡云谲，与其说是我们对机会的普遍认知，倒不如说它原本就是机会的表现形式，甚至就是它的根本属性。

最好不要宿命。因为机会一般都是抓到的，而很少有等来的。你只要赋予它一丝的神秘玄幻，就要付出你全部的顶礼膜拜。

到那时，哪里还会有什么风云际会？哪里还会有什么水到渠成？哪里还会有什么顺势而为？哪里还会有什么积极进取？

面对机会，要有足够的准备，因为与机会失之交臂，擦肩而过的极有可能就会是优秀、卓越和辉煌。

机　会

一

苏轼在《贾谊论》中说"夫君子之所取者远，则必有所待；所就者大，则必有所忍"。

他说的隐忍和等待，与《周易》中说的"潜龙勿用"一样。其实质就是一个寻找、发现、转化和利用机会的过程。这样的论述使机会的重要性跃然纸上。

然而机会，最是扑朔迷离。

它常常看似虚无缥缈。"往往是在机会离去时，才明白这是机会。"这恐怕不仅仅是马克·吐温的哀怨吧。

它常常看似可遇而不可求，谁能拥有"位面之子"刘秀那样的"运气"？正因为此，它又看似神秘莫测。

机会，如此波诡云谲。如果缺乏对它清醒的认知，我们往往会失去等待它的耐心，丧失对它最恰当的把握。而一次次这样的擦肩而过，又会使我们更加深陷与它失之交臂的泥潭。循环往复，机会就会离我们越来越远。

这样远去的机会，虽然与我们无缘。但一定会悄无声息地降临在别人的身上。一次，我们浑然不觉；两次，就会拉开距离；三次，我们已无力追赶；四次，我们就会去顶礼膜拜。到了此时，别人辉煌的成就，可能早已击垮了我们昔日的"不屑"与"豪迈"。天壤之别的现状，顺理成章地迫使我们收敛起"张狂"，潜藏了"梦想"，开始心悦诚服地争相传颂别人的"天赋异禀"和"雄才大略"。完全忘记了，他们曾经就是那个与自己"同吃、同住、同玩耍"的邻居"小李"或"小张"。完全忘记了，他们之所以有今天，很可能就是比你多抓住了几次机会而已。

然而，直到现在，也许你还在坚定地认为，一切机会都是命运的安排，潜意识里的"死生有命、富贵在天"总也挥之不去。也许你还在津津乐道"尧眉八彩，舜目重瞳"这样的话题，来掩盖和宽慰自己没有出人头地的现实。岂不知，早在三千多年前，就连炮制出这一套的祖宗们也会逆袭"大凶"的命运——踩碎龟甲、烧毁蓍草，迎着暴至的风雨，吹响进军牧野的号角。

结果当然是众所周知的"大吉"——八百余年的周王朝从此开启。

这些"天命观"的始作俑者，为什么敢于违背上天"风雨暴至"的警示；这些"八卦推演"的鼻祖，为什么敢于背离"蓍龟占卜"的预兆。因为他们看到了机会——剖比干、囚箕子，奸佞横行、人心尽失。不仅如此，更重要的是商军的十万精锐征战未归，这才是最核心、最利好的机会。在机会面前，他们清醒而务实地选择了"诸神退位"。"天意"被请下神坛，"枯骨朽草"被搁置一边，干戈开始了最终的裁判。

"机会大于天"。这就是三千多年前，智慧的周人留给我们最珍贵的遗产。对于粉碎我们残存的庸俗的宿命观，还有什么会比这更加令人震撼？

二

穿过历史的晨烟暮霭，机会的本质被越来越清晰地呈现。

褪去"天意"的光环，它只是一个真实的存在；远离人为的膜拜，它原本就应该是大自然的一员。它是大自然作用的产物，是社会和历史发展的产物，是人类合力作用的产物，是人文、环境、科技、道德、价值等交互碰撞和融合的产物。

它具有真实的神秘性，复杂的难以预测性。它真实，是因为"机会"一定会在恰当的时候发生，鲜活而真实地呈现出来。说它神秘，也只是因为"机会"往往在到来之前难显峥嵘，到来之时稍纵即逝。这往往会看似神秘地导致我们猝不及防和追悔莫及。

其实，这都是由于我们自己没有做好准备而产生的一种错觉。所以，无论它多么神秘，都不沾染丝毫的虚无性和缥缈性。也正因为如此，所以才有了"机会，偏爱有准备的人"的说法。而它难以预测，也只是因为它太过复杂。也就是说，它作为合力作用的产物，受影响的变量太多，难以用我们目前普通意义上的理论和公式,去准确地推导。

然而,试图做出这样推导的,古今中外却屡见不鲜。就说我们的《易经》,原本就是我们古人企图以此为工具,通过打卦占卜的方式来预测吉凶、甄选机会。但在实践的过程中,《易经》的占卜功能,被逐渐弱化转而用八卦去指代天、地、水、火等事物,一、二、三、四等数字,东、南、西、北、中等方位,金、木、水、火、土等五行……就这样,原来穿凿附会的占卜,被换以抽象的形式,智慧地融入天地自然,用来阐发宇宙、社会和人生的道理。

几经演变,完成了划时代的转变。现在的《周易》,以哲学的面目示人,且格局恢宏、宗旨高远、理论完备、体系严整。

由此,我们也更加清醒地认识到:自欺欺人的牵强预测,哪有经天纬地的道理来得酣畅淋漓?洞悉事物的规律并顺势而为,才是对"机会"最好的理解和把握。这也许就是荀子那句"善为易者不占"道理的体现吧。

清醒认识机会的本质意义,只是说明你具备了面对机会时的信心和错失机会后的勇气,绝不等于你就有了完全抓住机会的能力。

因为过去、现在及未来的某些世事变幻,远在每个人的预料之外,非每个人的"能力"所能完全把握。所以,你一定不能忽视机会还有一个偶然性的存在。而且,越大的成就越需要这种偶然性的青睐。

因为成就越大,涉及的面就会越广,参与的人也就会越多。而影响到这个结果的变量越多,我们就越对它难以把握。而越是难以把握,就越凸显出它的扑朔迷离。

偶然性正是在这种扑朔迷离中真实地呈现出来,看似出人意料,却又在情理之中。正是因为这个偶然性的真实存在,我们必须承认:有些机会,确实超出了我们一般意义上的努力范畴。那么,我们要怎样努力,才能尽量得到机会,甚至受到它的这个偶然性的垂爱?也就是说,我们应该怎样尽可能正确地去寻找、发现、转化和利用机会呢?

三

毋庸置疑,我们最愿意做的当然是无所事事,坐等机会的降临。

千万不要急着嘲笑这种行为的幼稚和无知。说不定你我都在不同时期、不同地点以不同的形式干过，或正在干着类似这种坐等的蠢事。若不是具有普遍性，韩非子也不用杜撰出"守株待兔"的故事，来形象地论述此路不通。而在这个问题上，孟子的"君子之泽，五世而斩"，会带给我们更多的启示。

正常的逻辑是赤手空拳打天下，挣得那份"君子之泽"。代代累积，只会增加的富有和荣光，怎么会"五世而斩"呢？当然，我们可以认为是出了"败家子"。但孟子如果仅仅认为是出了"败家子"这样简单，那他为什么给出"五世"这么长的时间呢？

他到底有什么深意？他这样说与我们讨论的机会又有什么联系呢？

我们来想，一个人一穷二白时，绝不可能"宅"在家中，那无疑是等死。他一定会四处奔走，方向极其明确，那就是吃饱穿暖。所有的努力直指这一个目标。坚持这样的方向和过程，温饱的机会无疑将大大提升。温饱之后，再确定方向，继续奔走。如此循环，像"仓廪实而知礼节，衣食足而知荣辱"那样，逐渐成就了"君子之泽"。

而他的后世们，由于有先祖做榜样，即便不会缺乏所谓"凌云壮志"。但养尊处优的现状势必会减少他们许多的"奔走"。随着"奔走"的减少，机会也在相应流失。这样代代累积，没有超越先祖的成就，就一定会泯灭家族的荣光。由此我们看到，要想成就并延续"君子之泽"，"方向"和"奔走"缺一不可。也正是两者的有机结合，才能促使机会的开花结果。

方向会使我们清楚地知道，自己在某时某地真正想要的到底是什么。纠正我们的摇摆不定，阻止我们的浅尝辄止，指导我们的理智取舍。它就像一个筛子一样，把我们在"奔走"过程中，寻求到的和偶然降临的所有机会筛查一遍。剔除与方向相悖的，选择与方向相符的，甄别挑选出真正适合我们自己的机会。就像刘邦初入咸阳那样，财富和美女扑面而来，占有它们的好机会唾手可得。但由于当时的形势，如果接受这个机会，就会失去占有"天下"的机会。

明确的方向，使他们艰难地作出了明智的选择。这才有了历史上的封府库、禁宫闱等那样的约法三章、秋毫不犯，也才有了历史上的大汉王朝。而"奔走"，是区别于一般意义上的努力。也就是必须马上开始自己的行动，不管你迈出这一步有多么艰难。正如《论语·公冶长第五》所载的那样："季文子三思而后行。子闻之曰：'再，斯可矣。'"孔子明确地告诉我们：行动前，思考两次就可以了，不需要想那么多次。在这里，孔子没有否定深思熟虑的作用，但更强调付诸行动的重要性。因为你思考出的任何结论，一定要由行动去实现并加以验证。而且，在行动中产生的思考，会更具针对性和实效性，更有利于切实地指导行动。这可能就是"清谈误国，实干兴邦"的道理吧。

更重要的是，只有在行动的过程中，才能更好地寻求并抓住机会。就像打伏击，是在等待某一个特定的战机，而运动战，却是在寻找、捕捉，甚至制造出很多战机一样。不仅如此，它还强调一定要"在路上"，就是必须持续这样的行动，不管在这个过程中会经历多少艰难困苦。因为机会本来就是合力作用的产物，形成这一合力的"变量"众多。你的每一次挫折，就是一个直面这些不同"变量"的过程，就是对它们逐一"试错"的必然结果。

而且，你"试错"的范围要尽可能大一些，最好大到涵盖所有相关的"变量"。就像一个优秀的军事家，不仅要精通兵法，还要谙熟天文和地理等一样。因为决定战役胜负的因素，不只是来自军事方面。而你遇到的挫折越多，表明你接触到的"变量"越多，对它们的认识也就越深刻。这样，你就越有可能掌握它们各自的规律，从而把握它们合力的方向，即抓住机会。所以，机会的出现和你对它的因势利导，常常是在你经历了各种风雨磨砺之后。

至此，会不会有一个疑问？是不是感觉对机会的叙述更偏重于顺势而为，而忽略了"造势"的情况？而你，又是不是恰好对"创造机会"这样的事情跃跃欲试？

对此，想说的是，我不认为诸如类似"铁甲连环""巧借东风"的案例是创造机会的典范，因为前者是谋划，后者是预判。这里我说的机会是"曹军的疲累、无道和不习水战，而东吴恰好是文人主降，武将主战"。就如武则天能够以"女儿身"称帝，那首先是在适合的环境和趋势之下，再依靠她杰出的才能去顺势而为的结果，而绝不是相反。

当然，如果能调动些要素，搞出个利好的小氛围或小局面来，那是再好不过了。尽管认识到了机会的重要性，认同了"方向"和"奔走"的有机结合是催生机会瓜熟蒂落的沃土,但可能还有一个疑惑,就是假如在看似机会均等的情况下,对垒的双方为什么还会出现胜败高下的局面呢?

原因很多,我们接着聊。

突破

突破的至高境界和终极状态是回归自我。
因为不需要突破的自我,才是最适合目前状态的自己;
因为一切的突破,都要从突破自己开始。
最重要的还因为你哪有什么能力、资格和机会去突破别人呀!

"江山易改，本性难移。"这句话说出了改变，尤其是突破自我，是一件多么困难的事情。

　　但同时，它也强调了业已形成的这个"本性"是多么稳固。也就是说，习惯天然具有稳定的特性。

　　既然如此稳定，那么，我们怎么能够任由一种思维、一种状态、一种言行成为习惯？怎么能够任由一种习惯不加甄别、不加约束地野蛮生长？

　　与其在错误中修正、在困境中突破，不如在习惯的形成过程中，多植入点虚怀若谷、顺势而为，多植入点名副其实、脚踏实地。

突　破

一

一次聊天,在谈到有关惯性思维和惯性生活方式的问题时,我的一位好友用他的亲身经历,向我表达了他对这些问题的看法,由此开启了我对"突破"的些许感悟。

很多年前,他刚下海创业时,出于对找工作难的深切体会及对无业人员窘境的感同身受,决定首先在无业人员中招募一批员工,好好培养,期待他们日后担当公司重任。

多年过去,我的这位朋友已经事业有成。回忆当初的这个决定,他说他感受最深的就是"越是忙的人,越准时;越是闲的人,越懒散"。我听出了他这番话的弦外之音,他对当初招募的大部分无业人员是不满意的。虽然不能一概而论,但我还是同意他的基本观点。因为思维和生活方式一经形成,突然间要被打破,确实不是一件轻而易举的事。

就这件事情的本身而言,期待让长期处于闲散状态的人们,马上投入高强度且有规律的生活和工作,确实有点勉为其难。其实反过来也一样,一个工作了大半辈子的人,也不大可能立刻就完全适应退休生活。这两者的区别,也仅仅是用各自不同的适应速度和程度来诠释类似"由俭入奢易,由奢入俭难"这样的道理而已。

习惯,尤其是生活习惯,只要无伤大雅,只要不影响他人,只要和他的身份、处境相匹配,只要他对这样的习惯能够切实做到心安理得,我认为,那真的只是人家自己的事情。

就像洗衣、做饭这些家务,有的人就是一辈子都没有怎么干过。这倒不是说他们就一定是养尊处优,就一定是好逸恶劳。而很大的可能,是他们正好碰到了不愿让他们做这些事的父母、爱人和孩子,并心甘情愿、乐此不疲地替他们做下去。

类似这样的情况,谁能严格区分出对做家务乐此不疲和袖手旁观的人,哪一个更爱他们的家?谁又有资格对别人和谐的生活方式横加指责?

然而,习惯一与你所处的现实相冲突,那一定会贻人口实、遭人诟病。更重要的是,它不仅会影响你目前的生活,还会制约你前进的步伐。这就是我们常能看到关于末代皇帝溥仪个人生活不能自理的文字记载,而鲜见关于他的先祖们有过类似记载的原因。这里倒不是说溥仪的生活自理能力就一定比康熙差,只是他已经到了非他人帮助不能自理的地步。而康熙,终其一生,甚至自他之后的几代人,都不会因为这样的事情受到丝毫的影响。

又如宋徽宗和明熹宗,是好画家和好木匠不假,但那样的兴趣爱好、思维定式和生活习惯,与一国之君的职责和本分背道而驰,他们怎么可能成为好皇帝呢?

习惯的养成,固然与所处的环境、所遭遇的经历和所接触的人有着千丝万缕的联系。但最关键的是,它在朝着你自己感觉最舒服的方向慢慢靠拢、渐渐形成。然而,没有经历过大汗淋漓,怎么可能体会到那种运动之后的通透和舒展?没有经历"韦编三绝",怎么可能感受到领悟书中精华之后的欣慰和愉悦?

思维习惯是谁也看不见、摸不着的,甚至连自己本人,有时也搞不清楚自己某些行为的思维根源到底是什么,以至于对这些行为引发的结果莫衷一是,甚至有可能陷入"宿命论"的怪圈。这也就像我们总能听到有人抱怨,或者干脆认定自己记性不好或反应迟钝那样。因为他们一直感觉自己的努力并不比别人少,但成效比别人差,那就只能归结为自己笨。

这样的道理,猛的听起来似乎顺理成章。然而,他们评价努力的标准很可能只是那些所谓"有形"的东西。诸如:读书、加班的时间比别人多,从业的资格比别人老,走的路比别人长等。但很可能从来都没有从思维方式和思维习惯上去做出努力和尝试突破。而思维上的"勤",却要比生理上的"勤"艰苦得多。同样是坐几个小时,看电影与读专业书籍,哪一个更累?前者如果累了,睡一觉就又精神焕发了。而后者要是真的累了,却是想睡也未必睡得着。

这里的区别就是需要思考的程度不同。一个疏于思考,或者懒于深入思考的人,一旦形成这样的思维习惯,看起来读书不少,却很难做到触类旁通,看起来用时很长,却很难掌握真正的诀窍。因为他只要试图去做深入探究,他的注意力就不能长久地集中在相关的类比和联系之上。那些一闪而过的思维火花,怎么可能燎原那领悟和创意的熊熊火焰?

每一次浅尝辄止的思考,就像在大门口转悠,怎么可能登堂入室?耽误的不仅是效率,更是效益,甚至没有任何的产出。其根本原因,就是思维方式的懒惰,并成了习惯。而这样的习惯日久年深之后,一定连带着生理的反应。只要你集中注意力,深入思考,时间稍微持久一点,就会出现头疼、胸闷等一系列身体上的不适反应。

这里,与其说是身体的不适,倒不如说,你的身体机能已经完全习惯了你懒散的思维模式。如果你想改变这样的思维方式,首先就要突破你原来的生理状态。

二

思想上的懒惰,影响你读书和做事的效率,最坏也只不过"事倍功半"。即便如此,突破它,尚且需要做出多方面的努力。而如果习惯于一意孤行,怎么可能去博采众长?如果习惯于故步自封,哪里还会锐意进取?习惯妄自尊大,怎么可能虚怀若谷?习惯骄奢淫逸,哪里还有宁静致远?如果再习惯于胆怯、懦弱,或跋扈、骄横,甚至是习惯于屈从、谄媚或猥琐,暴戾、残忍或无道,那无论如何,都要结合所处的环境和经历,以及所接触的人们,去好好找找原因了。

从环境对于一个人的影响而言,"贫富"不是最关键的因素,但"贵贱"是。因为将门可以出虎子,寒门同样能够出才俊。之所以有例外,根本的原因不是"贫富",而更多的是受"贵贱"的影响。因为"贫"也好、"富"也罢,只是一种相对既定的生活状态,是各种因素和条件长期、共同作用的结果,也是你实实在在的环境和触手可及的平台,掩饰不住、夸张不了。就像有的人买部手机也已非常奢侈。对于"贫富",你无可选择,当然,也无可粉饰或掩饰。你必须从这里开始属于你的人生。而"贵贱"则不同。如果说"贫富"可以通过量化而显得名副其实,那"贵贱"多少都带着点"盛名之下,其实难副"的尴尬,"压抑之下,人性扭曲"的主观故意。不管是别人夸张的逢迎,还是自己营造的虚幻,只要这种与现实脱节,甚至背离的现象,被你自己认定为天经地义,一定就是你所处的环境与你的所作所为格格不入的时候,也是你的灵魂和肉体距离最远的时候。

此时,自负,怎么可能不是顺理成章?谄媚,怎么可能不是自然而然?这种贵而必骄、贱而自轻的根本原因,又怎么可能不是严重脱离了你所处的那个真实的环境?所以,不论环境的好坏优劣,只要你脚踏实地、深植其中,就一定能够汲取到适合你成长的养分。

当然,这里绝不是说你一定要在一种环境里"从一而终"。相反,与任何一种环境的不期而遇,都是你真实现状的具体反映,是滋养、强壮你自己的机遇和场所,也是你厚积薄发,进入下一个环境的跳板。

毕竟,你要去的是远方。

环境对我们的影响如此。那经历呢?同样,我从不认为经历的多少、顺逆等客观的数字和境遇,会对我们产生什么特别的意义。

谁会喜欢艰难困苦?又有谁会对历经苦难煎熬这事儿甘之如饴?它们只不过是你在远行的过程中,避无可避、躲无可躲,万般无奈之下,不得不硬着头皮去面对的事情和局面而已。就算你经历过再多的坎坷和磨难,如果不是有意识地去总结并规避,挫折一定会与你如影随形,而且是同一个"坎",一模一样的"难"。这就像你身体有"火"时,下巴上长出一个"疖子"。下一次有"火气"时,"疖子"还会在你下巴的这个位置长出来一样。原因就是你的习惯造成了你的薄弱环节总是在这个地方,而不会是别的地方。所以,"行万里路"和"阅人无数"一样,再多的经历,接触再多的人,只是在促使你养成习惯,并不断地固化这样的习惯。而突破,却是改变,甚至颠覆这样的习惯,再把这样的改变和颠覆变成习惯。

那对于我们个人来说,为什么要寻求突破?什么时候、什么情况下去寻求突破?又如何做到真正的突破呢?

三

至此，我们大概能够认识到：环境、经历和人脉是形成某种习惯的客观条件。而习惯，其实就是那个让我们感觉到最舒服的存在。

只要不是乐极生悲或自甘堕落，一切客观条件的优劣，绝非一一对应形成的那个习惯的好坏。真正把握习惯的养成和走向的条件，只可能是我们每一个人的主观意愿。而这个主观意愿，不是空中楼阁，它的基础一定是你所处的客观条件，实实在在、相辅相成的客观条件。

正因为如此，我们不难明白，你的主观意愿未必总是严格贴合着你所处的客观条件。而对客观条件，做出任何形式的夸大或缩小之后形成的习惯，怎么可能没有突破的余地和必要？显而易见，这种习惯本来就不适合你目前的实际状态。即便你的习惯完全脱离于你真实的客观条件，但习惯总是在朝着你感觉最舒服的方向发展。所以，这个习惯就算适应你目前的生活，也很可能成为你未来发展的桎梏。而所有的这些，就是我们要寻求突破的真正原因，也是我们要挣脱，或克服习惯束缚的真正原因。

同时，我们也从中找到了改变习惯的最佳时机，那就是在你妄自尊大或妄自菲薄的时候。通俗点说，就是在你因"胜利冲昏了头脑"而得意忘形，膨胀到不知道自己几斤几两、姓啥名谁的时候；或者在你因"屡战屡败"而意志消沉，人财两空到开始认定自己本来就"烂泥扶不上墙"的时候。因为这两种状态下的你都不是真正的自己。之所以会出现这样两个极端的表现，是因为你的思维和言行与你所处的客观实际发生了严重的背离。此时的改变，就是突破外界的虚幻和心理的魔障，去重现所有的真实。还有，就是在你不满足于现状的时候，也是你需要突破的时候。

当然，我始终认为这只是你个人的事情。没有应该或不应该的要求，也没有好或坏的评价，更没有高尚或卑下的区别。它纯属个人的一种生活态度，一种人生的活法而已。只要你能做到名副其实，不伤天害理即可。因为良善比什么都重要。

如果选择突破，你就要审视你的环境，总结你的经历，评估你接触的各色人等。这样做的目的,就是让你更加清醒地认识自己,至少是比较真实的目前的自己,即准确地定位自己目前的坐标。因为真实地认识自己,是真实地呈现自己的先决条件。

选择突破,你还要确定突破的方向,也就是远方的那个目标,并标定它的坐标。明确自己目前的定位和期望的那个目标,你才能衡量出你与这个目标的距离,也才能知道要达到这个目标,你还要走多远的路,还要付出多少时间和什么样的精力。而接近目标的过程,也是你不断熟悉目标和不断了解自己的过程,甚至是引领一种潮流,超越自己的过程。

当然,这里你必须要明白,所谓超越自己,绝没有你原本想象的那样"激励人心"和"催人奋进"。因为这只是对你提出的最低要求,即在你的努力之下,可能接近或可以达到的目标。更重要的,是因为超越别人这事儿,很多时候无异于痴人说梦。原因很简单,把控自己虽然很难,但存在很大的可能性,如果再要求你去把控别人,这其中涉及的变量和因素就会多到数不胜数。

当然,如果你非要死死认定自己就是金庸笔下的那个"独孤求败"和"老顽童周伯通",必须要通过绝对的"超越自己"才能体会到些许"人生的意义",或者无聊到必须要通过"双手互搏"才能给自己带来些许的"快感",那你这样的人和这样的想法确实不在本书的讨论范围之内。

单就如何超越自己而言,你需要深入了解你追求的那个目标的自然规律,需要依据这个规律来调整你的所思所想、所作所为。至此,习惯,已经不仅仅是你感到最舒服的那个模式,而是以更加接近事实真相的形式去注重效率的提高。

什么时候你的习惯是以目标的客观规律为依据而逐渐形成的,什么时候你的生理、心理以及生活状态与这样形成的习惯相得益彰,什么时候你才算是领悟了点突破的真正含义。

毫无疑问,突破就意味着改变,改变就意味着重建。重建的前提是破败,破败就要拆除,既然是拆除,怎么可能与破坏没有任何的关系呢?所以,任何意义上的突破,都和破坏有着千丝万缕的联系。

就像补锅,原本只是一个针眼大的小洞,但为了补住这个小洞,得先把这个洞人为地扩大。只有把周围清理干净了，才能彻底补住这个漏洞。这也像医生为病人做手术，如果要切除病变的组织或器官，那些健康的皮肤、肌肉和血管等怎么可能不遭到损伤？只不过，随着科技的发展，这样的损伤越来越小罢了。

这种突破和破坏之间的博弈，区分它们的标准有一个重要的指标，那就是变通。

接下来，就让我们来聊聊变通这个话题。

变 通

"真理只要向前一步,哪怕是一小步,就会成为谬误。"
用这句话来形容变通,是不是也恰如其分呢?

"治大国，若烹小鲜。"说的就是对火候的掌握及动作的要求要做到恰如其分，才能妙到毫巅。正所谓"增之一分则太长，减之一分则太短；著粉则太白，施朱则太赤"。

变通就是如此，原本天地之间的皇皇大道，不知从什么时候起，被"翻炒"成智术和权谋的代名词，以讹传讹之下，花样百出、面目全非。

在显能逞强上，不遗余力；在算计别人上，无所不用其极；在深沉厚重上，避之不及；在完善自己上，退避三舍。

如果是这样，那变通和你还有什么关系呢？

变 通

一

对于变通这个话题,我们肯定不会陌生。不管是有关它的理论描述,还是事例展示,我们都已经听得和见得太多太多。虽然如此,但在我们深入了解和灵活运用它的过程中,有人说它是一种智慧而倍加推崇;有人说它只是一种权变,需要谨慎使用;还有人干脆将它定义为击穿了底线而嗤之以鼻。

围绕变通,人们众说纷纭。由此引发的种种迷茫和困惑,我们应该如何理解和面对呢?

"变通莫大乎四时。"这是《易经》里对变通的描述。同样,在这部经典里,对变通有过描述的还有一句,那就是"穷则变,变则通,通则久"。

"变通莫大乎四时。"这句话开宗明义地肯定了变通是一种自然现象、普遍规律。它最大、最直观的表现形式,就是通过一年四季的转换而体现出来。正是通过对一年四季的观察和总结,才提炼出"以变得通",即变通这样的概念。正所谓"四时者,春生夏长,秋收冬藏,取予有节,出入有时,开阖张歙,不失其叙,喜怒刚柔,不离其理"。

而"穷则变,变则通,通则久"一句,则是在发现变通这个普遍规律的基础上,进一步指出它的具体运用。那就是在你"穷困潦倒""穷途末路"或事物及形势"由盛转衰""由阴转阳"之时,要孕育新的力量,开辟新的局面。也就是说,你要有所改变、创新或者说是变革,而不能人云亦云,随波逐流,也不能不撞南墙不回头、一条道跑到黑。

你不能像"刻舟求剑""郑人买履"以及"按图索骥"等这些故事中讲的那

样,一味墨守成规,无视事物已经发展变化的事实,而仍然以静止和停滞的态度来对待这些问题。因为天地还分四季,尚且"以变得通"。因为改变就会通达,通达就能持久,本来就是像"自天佑之,吉无不利"那样的自然现象和规律。

这就是变通最初揭示给我们的本意——顺势而为、应时而作;独辟蹊径、锐意进取;生机勃勃、欣欣向荣。

这样的变通,就像明朝水利大家潘季驯采用"束水攻沙"的方法治理黄河那样。治理黄河水患,古人一般采用"修筑河堤"和"分流泄洪"等方法。由于从来没有考虑过河底泥沙的因素,河床越来越高,不仅分流困难,有的河段竟高出了周围的民居、村落,形成了所谓"天河"。这样"涨到天上去了"的黄河,怎么可能没有决口泛滥的危险?

潘季驯治理黄河的时候,就是在前人经验、教训的基础上,审时度势、科学变通,采用收紧河道,利用水的冲力,冲击河床底部的泥沙,从而达到清淤防洪的目的。这就是水利工程上著名的"束水攻沙"法,也是"以变得通"的经典案例。

这样成功而经典的有关变通的案例,历史上早已屡见不鲜。"丁谓造宫"就是其中又一典型代表。

那是在北宋年间,丁谓被皇帝委派去主持修复意外烧毁的宫殿,并限期完工。此项任务,不仅时间紧迫,而且要面对取土、运料及清墟的三重困难,按部就班的传统施工方法,在此时,肯定不合时宜。

变通,在这里,就发挥了关键性的作用。丁谓的变通方案是这样的:首先,把施工现场附近的一条大街挖成沟渠,就地取材,用挖出的泥土烧砖。接着,引汴河水入沟渠,建成一条临时运河,用来运送建筑材料,省时省力。最后,工程完毕,再把建筑垃圾填入沟渠,恢复街道原貌。如此变通的结果,正如人们由衷赞叹的那样,"一举而三役济,省费以亿万计"。

体现在具体事情上的变通,是如此的思路和操作方式。那体现在指导思想上的变通,又该如何诠释呢?

孟子的"嫂溺不援,是豺狼也。男女授受不亲,礼也;嫂溺,援之以手者,权也"就给了我们很好的借鉴。儒家学说将"男女授受不亲"上升到"礼"的层面去加以约束。"礼"是什么?儒家学说认为它是"天道",是"规矩",当然也是"礼仪"。孔子更是将"克己复礼"的作用,直接推到了能够使"天下归仁焉"的高度。可见,他们对"礼"是何等的推崇。

即便如此,在嫂子落水,有被淹死的危险时,作为小叔子,还是要施以援手。因为孟子认为就算是突破规矩的约束,也好过当个"豺狼"。

由此,我们是不是能够得到一点启示:你在酝酿变通,实施变通的时候,不要"禽兽不如"是不是应该就是你的底线呢?除非你压根就不知道什么是"禽兽不如"。

二

然而,我们还见过和听过一些所谓变通,与"以变得通"这个生机盎然的本意渐行渐远。其原因不知道是智慧的爆发,还是膝盖的退化。

秦时的商鞅,原本是一个"穷则思变""以变得通"的坚定践行者,文治武功、浩浩汤汤。但他还是在"太子犯法"这件事上,运用了"黥劓其傅"的变通手法。明知"法之不行,自上犯之"的道理,还在美其名曰:"太子,皇嗣也,不可施刑。"

如果说太子年幼,本该免于处罚的话,那为什么不处罚太子之父、太子之母,而单单处罚太子师父呢?所以,任何事情一经这样的变通,还有何诚信和威信可言?昔日的"南门立木"不也就沦为骗骗穷苦老百姓的笑谈了吗?

以此可说,以法家自居的商鞅,追求和建设的哪里是一个法制社会?分明就是那个所谓皇帝在专断独裁罢了。所以他充其量也只不过是给这样的独裁披上一件自欺欺人的外衣罢了。如此的环境,怎么可能不埋下不可预知的隐患?如此的土壤,怎么会不孕育出如此变通的"歪瓜裂枣"?

如果说商鞅的所谓变通,还是在有意识、尽最大努力地坚持他的初衷的话。那我在一次旅游时的见闻,却是将变通演绎得更加莫名其妙了。

那是我在南方的一个寺院游览时,听导游讲这个寺院的正门永久关闭。其缘由是当年乾隆皇帝要夜入寺院,敲门不开,因为这是寺院的规矩,上门落锁之后,鸡叫之前,一律不得开门。

几番交涉之后,对方得知是当今皇上驾到。变通,在这时就发挥了关键性的作用。不是说不得开门吗？那说的是正门。正门不开，打开侧门总可以吧。于是，他们就打开侧门，让乾隆皇帝进来。由于连皇帝走的都是侧门，那谁还有资格走正门呢？所以，这个寺院的正门就永久性关闭了。

导游讲完了这个故事，我坚信它只是一个"故事"。即便只是现代人想突出乾隆皇帝来过这里的事实，或是想给这里增添点故事性、神秘感，但无论如何，这样的变通都有点自欺欺人、趋炎附势，甚至有点不通情理、不近人情。试想，如果在那时，不是皇帝来，而是一个被歹徒追杀、疲于奔命的人来，或是一个饥肠辘辘、奄奄一息的人来，他们就坚持不开门吗？就算是开偏门也无可厚非，可为什么永久关闭正门呢？尊敬皇帝没有什么错，可仅仅因为他曾经走了偏门，就永远断绝别人走正门的资格，这要奴性成什么样才能有这样的做派？

类似这样的变通，真是不要也罢。你还是坚持你的原则吧。这样至少看起来，虽然迂腐了点，但起码能让人看到点"脊梁骨"。

当然，不能否认，以上所列举的这两个事例中的主人公，肯定有他们万不得已的苦衷，也有情有可原的理由。毕竟他们的变通，一个在无限接近着心中的理想，一个也不算太过卑鄙和龌龊，都还算远离变通的底线。而这些，恰恰说明了在具体事情上，去运用变通相对比较容易。而在人与人的接触和交往中，应该如何变通，却是一件非常费心劳神的事情。

就像前面提到的那个丁谓，面对如此复杂而又紧迫的工程，却能够如此巧妙而从容地应对，以至于此项工程成为系统工程的典范。其中，所运用到的朴素的运筹学思想至今仍在为我们提供养料。

由此来看，丁谓此人不可谓不是能臣干吏，不可谓不是谙熟"以变得通"这个真谛的行家里手。然而，在做事上如此不拘一格、精明强干的他，在做人上，却是让人大跌眼镜。我们现在常把献媚邀宠的行为称为"溜须"。其实，这个说法就源于丁谓。

他与时任宰相寇准一起吃饭时，看到寇准的胡须上沾了一些饭粒，就亲自上前为其梳理胡须。此等做派，甚至遭到了寇准本人的讽刺和斥责。于是，就留下了"溜须"这样的典故。

丁谓，他是不知道应该坚守什么？还是搞不懂应该如何变通呢？抑或是将变通运用得登峰造极而走火入魔了？要不然，为什么他做人与做事的差别会这么大呢？

三

难道只有丁谓一个人，会在做事和做人上出现如此巨大的反差吗？

那么，像战国的吴起，明朝的殷正茂，甚至汉初的韩信，都是杰出的统兵之才，战场上的常胜将军。但同时，你又不得不把"杀妻求将""贪腐成性"以及"讨封齐王"等这样有违人伦、有违清誉，甚至有违常理的事情和他们联系在一起。

那个"破镜重圆"里的主人公——隋朝的杨素，能够促使失散多年的夫妻"破镜重圆"。而且，如此"忍痛割爱"，促使"有情人终成眷属"的事例，在杨素身上还接二连三地发生。有着这样"推己及人"情怀的杨素，为什么在和当时的晋王杨广合谋，觊觎皇帝宝座时，对太子杨勇下起手来却没有半点的心慈手软？

还有废分封、置郡县，明法度、定律令，统一车轨、文字及度量衡，纵横捭阖、殚精竭虑二十年，获赞"千古一相"的李斯，为什么最后却和太监赵高沆瀣一气，篡改遗诏，逼死扶苏，将亲手参与缔造起来的帝国，带上了风雨飘摇、土崩瓦解之路？

类似这样"有才无德"的例子，我们从历史上，甚至在现实中，见的还少吗？那么，那些"无才无德"的人要是使用起所谓变通来，又该是怎样的啼笑皆非呢？

比较典型的，是在战国时期的韩国，那一帮醉心"智术"的君臣，孜孜不倦、夙夜冥想而得出的"变通大法"，如"肥周退秦"之计、"水工疲秦"之策等这样的"存国大谋"。结果呢？不但没有"肥周"，更没有"退秦"，反而致使八百余年的周王朝正式灭亡，自己也是丧师失地，从此一蹶不振。原本指望派遣水工郑国入秦，能鼓动秦国大兴水利，损耗其国财民力，哪想到一条"郑国渠"，却浇灌出富甲天下的八百里秦川，这种"割肉以饲虎，进才以资敌"的所谓变通，怎么可能不是必亡的"催化剂"？难怪韩非子悲愤地指出："简法禁而务谋虑，可亡也。"

如此匪夷所思的所谓变通，在历史的长河中，绝不会形单影只。东汉末年的袁绍及何进，用他们的实际行动，向我们完美诠释了这个结论的正确性。

原本只是大将军何进与区区几个太监之间的"斗法"。这位"四世三公"的袁家公子，非要"审时度势"，献"奇计"让董卓领兵入朝，以"清君侧"的名义来解决这几个太监。如此的"旷世奇谋"，竟然被屠夫出身的何进欣然采纳。这种行为的后果我们是再熟悉不过了。天下大乱，就由此拉开了帷幕。难怪曹操评价他们"沐猴而冠带，知小而谋疆"，分明就是嘲讽他们无才无德，还妄想去干什么大事。

所有这些有关变通方面的成败得失，是不是对我们个人也有所启示呢？

变通作为一种自然现象和普遍规律，被广泛地认识和应用当然毋庸置疑。但是，在你没有彻底搞清变通的真正意义之前，没有完全掌握变通的灵活运用之前，你不妨少些变通，多些坚守。因为你坚守的毕竟是经过前人变通之后，又经过实践检验过的相对成功的经验。而且，彻底地否定前人，绝不是任何意义、任何形式上的变通。如果实在需要变通，那你不妨先从单一的、具体的事情入手，也就是说，你最好从自然科学上开始你的变通。因为这个领域，相对来说，会少些掣肘、少些胁迫；少些诬陷、少些谄媚；少些哗众取宠、少些功利浮躁。你能相对专心致志地追求你的科学和艺术，相对集中精力地做到实事求是。你的所思所想、所作所为也会相对公正地得到实事求是的反馈。行就是行，不行就是不行，而不是"说你行，你就行，不行也行；说你不行，你就不行，行也不行"。

当然，如果纯粹地做事，也不能按照客观规律，而必须以主观意志为转移。或者，你连发表篇论文也纯粹是为了提职称而抄袭别人的话，那应该如何变通，确实不在本文的讨论范围之内。

然而，单一且具体的事情，毕竟只是一种理想化的状态。我们迟早还是要面对复杂的局面、烦琐的环节以及形形色色的人和事。而之所以复杂和烦琐，是在这一局面之下，诉求点众多、利益点各异。无论义正词严也好，心怀鬼胎也罢，变通的出发点和落脚点，无非就是谋取利益的最大化。

当欲望需要通过原始而残酷的较量，才能"淬火成钢"的时候，曹操的"唯才是举"是不是更合时宜？是不是更加契合变通的本质意义呢？即便如此，我还是坚信韩非子说的"不能算人以存，而当强己以存"，因为他给出的解释是"谋人不如强己，谋敌不如变我"。

韩非子的话,和曾国藩说的"自修处求强则可,在胜人处求强则不可"相得益彰。如果合二为一的话,或许应当就是变通的精髓和最基本的要求吧。

明确方向,寻找机会;把握规律,寻求突破;守住底线,领悟变通。我们已经在路上。以后的路还很长,我们需要不断地学习和充实自己。

而我们应该如何去学习?学习有方法和捷径吗?我们接着聊。

二 正确之路上，需要负重前行吗

借鉴

"只有傻瓜才仅从自己的错误中学习,智者还从他人的错误中学习。"这句话,也算是深谙了学习中借鉴的真谛。

当你困惑不解、犹豫不决的时候，最直接、最有效的方法应该是试试去历史中，或走在你前面，甚至走在你后面的人中，看看能不能寻求到解决问题的答案。

"外事不决问周瑜，内事不决问张昭"。这是孙策临死之时给他的继任者——他弟弟孙权的政治遗嘱。

因为拥有周瑜和张昭，孙权无疑是幸运的。而对于我们来说，又何尝不渴盼着能从别人或别的地方得到借鉴、受到启发呢？

为此，要放远眼光。不仅要看到未来，更要探究历史、借鉴得失。为此，要虚怀若谷、知人知己。不仅要看到自己的短板，更要做到见贤思齐。

借 鉴

一

"玉不琢，不成器；人不学，不知义。"学习的重要性和必要性，在我国传统的启蒙读本《三字经》里，就有过如此浅显易懂、清晰明了的表述。

孔子的"学而时习之，不亦说乎"更是将学习上升到精神层面去强调。对孔子这句话的解释大体有两种。一种是学习并时常温习它，不是很令人喜悦吗？另一种是学习且用于实践，不也让人高兴吗？

我们不去纠结这两种解释哪一种更接近孔子的本意。这里想说明的只是，单纯的学习显然不会是一件让人高兴的事。因为学习本身枯燥乏味且费时费力，哪有什么乐趣可言？但如果在学习的过程中，能够温故而知新，不断获得新的知识，悟出新的道理，且触类旁通、豁然开朗，或者能够利用学到的知识、悟透的道理去解决现实的问题。这样的成就感，无疑让学习成为一件非常令人高兴的事。

由此也能看出，学习以温故而知新为乐趣，以解决实际问题为目的。问题总是层出不穷，相应的学习也就不能停止。这就是"学不可以已"的道理。

学习，是一个持续地攫取、吸收、消化、领悟，并融会贯通的过程；是一个从无知迷惘到豁然开朗，并灵活运用的过程；也是一个对知识重组、创新的过程；还是一个发现并解决问题的过程；更是一个"反情治性，尽材成德"的过程，即改变和控制自己的情感、性格，完善自己的才能和品德。

可想而知，在这样的过程中，在这个过程的每一个环节上，怎么可能不付出巨大的精力和时间？如此旷日持久的殚精竭虑，又岂能保证每一个人都乐此不疲？

于是,找方法、走捷径就变本加厉,速成秘籍、投机宝典更甚嚣尘上,加上一些打着反对应试教育之名,实则将应试教育进行得令人发指的人的推波助澜,方法和捷径的应有之义被搞得面目全非、黑白颠倒。

靠着零基础的短时突击,就能熟练掌握一门技能,拿到从业资质,成为一个行业的行家里手,利用掌握的知识和技能去创造性地发现和解决问题。这对于智力和精神均处于正常状态的人们来说,谁会去相信呢?即便是一时冲动相信了,谁又能做得到呢?即便有些确实做到了,谁知道这样的"海市蜃楼"什么时候会幻景破灭呢?

那么,我们在学习的过程中,有没有方法,甚至说捷径呢?

当然有。这就像我们开车翻越秦岭,盘山公路依山而建,蜿蜒盘旋,绕着一个山头转了好几圈。开出几十公里,蓦然回首,直线距离有时不过几百米而已。而这段直线距离,就是我们梦寐以求的所谓捷径。这个捷径与上面说的速成的区别就在于你不能飞过去,而速成大多会忽悠你要具备"飞翔"的勇气和胆量。这样的鼓吹,乍听起来振奋人心,但做起来,多半即便不是"望涧兴叹",也离"粉身碎骨"不远了。而要真正把这段直线距离变成实实在在的捷径,只有一个办法,那就是穿山架桥,使"天堑变通途"。而穿山架桥的过程,就是一个夯实路基、稳固山体的过程。过程的本身,需要脚踏实地,又有什么捷径可言呢?至于在这个过程中,相对于架桥铺路来说,它又有没有捷径呢?其实相对于行路来说,桥梁、山洞就是捷径,那对于架桥铺路这件具体的事情而言,它肯定也有属于自己的捷径。

但无论如何,捷径都是建立在旷日持久的殚精竭虑的基础之上。只不过,在这件事情上的辛勤付出,可能会提高做那件事情的效率。也就是说,这件事情的成果或经验,换种形式就可以用到另外的事情上,这就是所谓捷径的本质特征。在这样初衷的指导下,对于如何学习,如何找到学习的捷径,荀子的"学莫便乎近其人"其实已经给了我们答案。

他说学习的捷径在于找到好的老师。当然,他说的老师是"人"。我们完全可以引申为"取法自然",即一切可以借鉴的事物都可以成为我们的老师。

所以,借鉴应该成为我们学习的捷径。那么,怎样借鉴呢?

二

  历史有其规律,并在传承的基础上发展。没有任何一段历史可以抛开规律和传承而孤立地存在,所以才有了"历史总是惊人的相似"的说法。正因为这样,历史才有资格成为我们的"好老师",成为我们可以借鉴的对象。

  今天发生的故事,其实历史上可能早就出现过,只不过形式稍有不同罢了,有的甚至连形式都一模一样。像孙膑对庞涓,"桂陵"和"马陵"两次战役,一样的"围魏救赵",一样的诱敌深入,一样的设伏围歼,甚至连设伏处的地理形貌都几乎一模一样。不一样的是庞涓第一次侥幸逃脱,第二次命丧黄泉。孙膑对庞涓如此,周瑜对蒋干也是如此。如此生动的故事,历史从来就没有表现出任何吝啬,而是让它一演再演。

  还有像当年秦国分别离间廉颇和李牧时,一样的重金美女,一样的贿赂权臣,一样的信口雌黄,甚至连秦国自己都不敢相信,这种一成不变的把戏能够奏效。但可悲和可笑的是,确实奏效,而且一直奏效。难怪杜牧慨叹"灭六国者,六国也,非秦也"。难怪李世民总结出"以史为鉴,可以知兴替"的至理名言。所以,当我们今天遇到困惑,百思不得其解时,完全可以试试到历史中去寻求灵感。因为类似的事件,不同的选择会产生什么不同的结果,历史早就有了自己的答案。这正是我们最好的借鉴来源。

  就像三国时刘表的长子刘琦,因"继母不能相容,性命只在旦夕"而问计于诸葛亮。诸葛亮给他出的"上言乞屯兵守江夏"而避祸的主意,正是借鉴了"晋文公重耳在外而安"的历史事件。所以,我坚信丘吉尔的一句名言:"愈是寻找幽远而纯粹的源头,愈是能够找到我们未来的方向。"

  以史为鉴,回望过去,领悟成败,只是"纵向"的学习。但"三人行,必有我师"。所以,我们还要"横向"学习,去借鉴同时代,别人或别的组织的可取之处。

  别人的优秀之处,很大一部分的原因在于他们出发得早,行走得远。他们比我们遇到的困难和挫折要早得多、多得多,最重要的是,他们找到过解决这些困难和挫折的办法。否则,他们凭什么优秀?就像我们向发达国家学习一样,就是要学习和借鉴他们的成功经验,规避他们的失败教训,发挥我们的"后发优势"。

这就是我们强调的"横向"的学习。

学习有方法,借鉴是其中最好的一种。但那些促使他人成功的方法,我们不可能通过简单地照抄照搬就奏效。因为这些方法依附的土壤是具体的时间、地点、环境和人文等因素。任何一个因素的变化,都会起到牵一发而动全身的作用,导致出现完全不同的结果。即便是我们自己过去成功的方法和措施,放到今天也未必奏效。

还有,我们要明白大势所趋的道理,要跟得上历史发展的规律和潮流。不能像在风云激荡的春秋战国时代,还妄图去恢复"行王道、复井田"的"上古之法"。那样,只能落得个"惶惶然如丧家之犬"的下场。

三

最要紧的是,我们要认识到,方法作为一种措施,是与个人在成长过程中形成的习惯和个性等密切相连的。

习惯和个性不同,适用的方法一定会有差别。这尤为明显地表现在读书学习上。因为读书学习的过程,本身就是每一个个体去单独领悟的过程。个体不同,领悟的方法当然就会不同。

许多年前,我的一位好友就比较深入地和我聊过这个问题。当时的话题,是从他非常不客气地评论他高中时的那位校长开始的。这位校长自以为是地取消了所有的自习课上所有课程的朗读学习的方法。不仅如此,还标榜朗读是"低一年级"的感觉,美其名曰:"'高一年级'的学生,就应该以默读的方式,在理解的基础上记忆。"

我的这位朋友,当时奉这位校长为神明,奉他的话为圭臬。于是,在所有的场合,对所有的科目,坚决放弃任何形式的朗读。结果,学习成绩一落千丈。当时,他百思不得其解。不是自己不努力,也不是身体出了问题,但在学习的过程中,总感觉别别扭扭的,又说不出哪里不对。高一的暑假,一次偶然的机会,他拿着课本下意识地朗读起来,越读越有兴趣,越读越觉得通畅,索性把所有的科目,包括数学、物理的课本也拿来一遍一遍地朗读。整个暑假,他就在这样饶有兴趣的朗读中度过。他说："当时的朗读，纯粹是多年的习惯支配下的一种下意识的行为，根本没想到靠这些能提高成绩。"

然而，"无心插柳柳成荫"。转眼开学后的一次摸底考试，他说他自己都吓了一跳，竟然名列前茅。可是他当时并不确定这是否真的得益于朗读。为了确认，他把高二的科目随机分成两部分。一部分偷偷采用朗读的方法，另一部分仍沿袭默读旧例。结果，高下立判。至此，他彻底明白了，适用于他的方法一定是出自己的口，入自己的耳，才能记于自己的脑。

为此，他还专门写了一篇文章，叫《差生的优势》，讽刺和调侃他的那位高中校长。我在笑他是否刻薄了些的同时，却对他文中的观点不免也有些认同。

是啊！你可以把促使你自己成功的方法作为谈资，也可以把你自己认为好的方法介绍给别人，但你怎么可以仅凭"想当然"，就那么笃定且蛮横地去禁止一个方法的使用呢？何况这样的方法，仅仅是一个促使努力上进的手段而已，一定会适用于很多人。更何况你作为高中的一校之长，怎么会不明白"学习有法，但无定法，贵在得法"的道理呢？最要命的是这位校长，自己根本就没有领悟到"方法"其实极具个性这点。

由此也能看出，所谓权威，也会存在这种普通意义上的认识盲点，甚至是很致命的盲点。而且，越自认为是权威，或者在权威这个位子上的时间越久，这样的盲点就越多。我的这位朋友，用"以其昏昏"岂能"使人昭昭"作为他那篇文章的结尾，倒也酣畅淋漓、振聋发聩。

因此，学习和借鉴虽然不能忽视"个体"的因素，但由于个体的局限性，更要学习和借鉴一种趋势，以及促使或改变这种趋势的根本原因。

就像孙皓晖在《大秦帝国》里总结的"术治亡韩""乱政亡赵""迂政亡燕""失才亡魏""分治亡楚"和"偏安亡齐"那样，在类似"天地大阳而煌煌光明的战国潮流"之下，唯有"铮铮阳谋的变法强国"才是符合历史潮流的正确选择。

我们要学习和借鉴的更是一种思想，以及在这种思想指导下的原则和体系。也只有拥有了思想，本着系统的原则，摒弃急功近利和支离破碎，才能防止挂一漏万和拆东墙补西墙，也才能在前行的过程中不断涌现出新的方法和措施，去解决新的问题，克服新的困难。

隔三岔五

正所谓"朝闻道,夕死可矣",学习是一种终身的行为,借鉴也是学习的一种方法和捷径。但行走在这条路上的人们,还是会千差万别。有的人找到了解决问题的办法,有的人在事后才知道问题出在哪里,而有的人却一直执迷不悟。为什么会出现这样的差别呢?我们接着聊。

天赋

坦承天赋的存在,那是对兴趣、专注、持之以恒和顺势而为的礼赞,更是对历尽磨难、终成大器的讴歌。

所谓天赋的高低，就是与"自然规律"的贴合程度。

"江山易改，本性难移"这句话，如果描述了部分的事实，讲出了一定的道理，那用来诠释天赋的存在与否就再合适不过了。

"不知者不为过。"因其有"过"，如果知错难改，明知故犯，自以为是，鼠目寸光，或在错误思维的支配下，在错误的道路上一条道走到黑，那剩下的那点天赋，早晚会被消磨殆尽。

当然，对错有很多不同的标准。重要的是，找到适合自己的标准。如果，"我知道这样不对，但就是管不住自己"成为口头禅的时候，怎么可能踏准"自然"的节拍？

天　赋

一

　　人在求知和做事方面，是要有点天赋的。就像老话说的"老天爷赏你这碗饭吃"，如果什么东西都要靠通常意义上按部就班的学习才能得到，那无疑是一个相当漫长和痛苦的过程。

　　坦言天赋的存在，是因为我们确实见过"十岁的小提琴家和画家"。如果你要说，那是因为他们痴迷于此，并付出了远超常人的努力，那就索性把兴趣、专注和持之以恒也归入天赋的范畴。因为这些，不仅是天赋的保障，更是天赋的重要组成部分。不但如此，我还坚信，谁能持续地把兴趣和专注投入某个领域，谁就能在这一领域具备天赋。谁终止了这种兴趣和专注，谁就丧失了天赋。而且，禁忌越少，标准越多元，越需要个性的领域，天赋好像表现得越明显。

　　像绘画，你可以从临摹开始，也可以直接写生，可以像宋徽宗画花鸟那样工笔刻画每一个细节，也可以像八大山人的文人画那样，并不追求形似。

　　而有些领域会偏重极致的系统和严谨，刻板到规定详细的流程和步骤。这时，按部就班的学习就会比天赋来得重要。这也就是你没有见过十岁的外科医生的道理。

　　据说，莫扎特很小的时候就写出交响乐，但对向自己请教如何创作交响乐的青年，却列出了十多年的学习清单：用四五年的时间去学习弦乐，用三四年的时间去学习管乐，用两三年的时间去学习打击乐，等熟练掌握这些以后，才可以试着去创作交响乐。

　　在这件逸事中，面对为什么自己很小的时候就写出交响乐，而教导别人要花十多年的时间,才可以去试着创作的质疑时,莫扎特回答了一句非常经典的话:"我写交响乐的时候,没有问过别人到底应该怎么写。"

莫扎特具有"会谱曲早于会写字"的音乐天赋是事实,他说的方法是我们普通人学习音乐的必由之路也是事实。由此,我们要清醒地认识到,如果你少了点天赋,自然就要多花点时间,多走些路。

二

值得庆幸的是,读书原本就是一件极其耗费时间和精力的事情。正所谓"闲坐小窗读《周易》,不知春去几多时"。仔细想想,一上午的时间,你才能看多少书。同样的时间去搬砖,回头看看,恐怕早已"硕果累累"了吧。

再拿我们现在的上学来说,就算开蒙的小学和打基础的中学这十多年不说,仅是本科、硕士、博士,就耗去了差不多十年的光阴。

由此可见,读书、求知是一个多么漫长的过程。而正因其漫长,我们才有了足够的时间去弥补天赋的不足。所以,在求知的过程中,特别是在常规又悠长的学校教育中,你没有任何理由为你糟糕的成绩而开脱。任何师长也不能按学生的聪明程度将其分成三六九等。因为充裕的时间早已稀释了天赋的作用,落后的原因可能只是懒惰或方法欠佳而已。

还有,你也千万不要拿"坑灰未冷山东乱,刘项原来不读书"来佐证英雄豪杰原本就不需要用读书"。因为你还不是英雄,没有雄鹰的高度,就不会有所谓翱翔的自由,而必须时时躲避着崇山峻岭。否则,"不周山"照样屹立,你却一定会粉身碎骨。原因很简单,你还不是"共工"。所以,你要珍惜并慎重对待你的求学时光。

反之,如果因各种原因,你已经错失了这些证明你能力的证书,那也没什么大不了,只不过是失去一些顺理成章的进身之阶罢了。此时,你应该庆幸,你翱翔天空的时机终于到了。

"能力大于学历"这句话到现在,才可以成为你坚信的真理。而你,需要做的必须是用更大的能力、更显著的成就去证明它。因为辉煌的成就,永远是灿烂星空中最耀眼的明星。"英雄不问出处",也只有在高悬的成就之下才能尘埃落定、名正言顺。这样的过程,因其少了点基础,断了点传承,偏离了点世俗,势必会付出更多更大的艰辛。

然而,"投之亡地而后存,陷之死地而后生"从来都是天赋的孪生兄弟。"背水一战"式的决绝和壮美,正是挖掘和催生你天赋的最佳模式。这样展现出来的天赋,才是对我们激情四溢和艰苦卓绝的最好回报。而且,环境越混乱,竞争越激烈,天赋的优势就越会显现出来。这就是所谓"时势造英雄"。

看看春秋,尤其是战国。回望那一段"凡有血气,皆有争心"的"大争"之世:儒家、道家、墨家、法家、兵家、阴阳家……百家争鸣;白起、王翦、廉颇、李牧、孙膑、乐毅……孔武有力;晏婴、苏秦、张仪、甘罗、李斯……智计迭出;范蠡、吕不韦、猗顿、白圭……富可敌国。天才激涌、天赋闪耀的盛况,两千多年无出其右。

原因就是应对残酷的竞争需要极其自由的思想,唯其如此,才能从众多的思想中择优而用;它需要无比实事求是,任何的好大喜功、粉饰太平,招致的只可能是灭顶之灾;它需要极强的执行力,任何的议而不决、决而不行、行之无效都无疑是拔剑自戕。所有这些,都是在要求我们摒弃狭隘、虚妄、孱弱抑或迟疑,尽最大的努力挖掘潜能、发现天赋,并迅速将其发扬光大。

这就是沧海横流,才能够成就我们英雄本色的最好诠释。

三

天赋可以用时间去弥补,可以因竞争而激发,可以由成就去彰显,但不仅仅是无师自通般的与生俱来。而且,对于我们常人来说,举一反三、触类旁通似乎更应该成为我们判断天赋存在与否的恰当依据。"学而不思则罔,思而不学则殆",就是告诉我们应该做到学习和思考并重。

学习相对简单。你只要找到切实适合自己的方法再加上勤奋,剩下的事就交给时间去解决。这也就是有人说的"一万小时定律"。而只有思考才能让我们融会贯通知识,融会贯通才是指导我们解决问题的先决条件。

对于如何思考?佛教术语"顿悟",就给出了成就它的"不二法门"。那就是围绕一个主题,在充分学习、借鉴、汲取和实践的基础上,抱着否定的态度,不断地用"问为什么"去寻根溯源。

在这个过程中,疑惑一定会越来越多且错综复杂。你不得不又带着你想不明白的问题去学习和实践,而后再思考,再疑惑。这样多次的循环,实际是一个搜集、选择、汲取和扬弃的过程。直到你把涉及这一主题的现有知识基本掌握,才算进入了思考中的领悟阶段。此时的思考其实就是一个融会贯通的过程。方方面面、点点滴滴,你深入其中,寻找真相,探求联系,获取突破。

你把所有这些都做完之后,似乎还会深陷其中,茫然得一无所获。直到一个看似毫无关联的事件出现,使你骤然抽身事外,蓦然回首,已是豁然开朗,一切都明白了。之所以能够出现这样的"顿悟",是因为你原本就已经完成了系统和深入的学习、实践和思考,需要的只是一个改变长期专注的契机而已。

而这样的契机,可以来自大自然的任何事物,它的作用只是把你从长期的专注中"唤醒"。就像"不识庐山真面目,只缘身在此山中",你需要以局外人的思维,来回望你艰苦卓绝的所思所想、所作所为。只不过这样的回望有时发生在所谓"瞬间"而已。

这就是为什么"一片树叶"或"一声呐喊"皆可使人顿悟。而且,这样的顿悟一定会出现——出现在你学习和实践之后,深入思考的每一个阶段。也就是说,只要你深入思考和实践,大自然的一切事物甚至声响,都会成为你灵感的源泉,不管它是"一片树叶"还是"一声呐喊"。这也是我们常人学习和思考的完整过程。

显然,有的人因天赋使然,不需要按部就班地经历整个过程。但他们也只可能在每一个步骤上都快一点,或是在某些步骤上快得可以忽略而已。重要的是,你要用时间和精力去保障自己切实走完这样的过程。像周瑜,我们只见他戏耍蒋干时的"一步三计",却忽略了他准备战事时的万事俱备。我们只惊叹于他的天赋闪现,却根本不去考虑,成就其实大多来自比别人多一分的准备,而不是仅凭天赋就能够负重远行。

人生,正是非负重而不能远行。为什么?我们接着聊。

负重

"能承受多大委屈,就能做多大的事。"
这算不算是对忍辱负重最恰当的诠释?
算不算是忍辱负重最光明的前景?

"鹰立如睡,虎行似病。"看似与别人只是行为举止上的差异,其实很可能是目标和道路的根本不同。

与此相对应的,如果与他人思维长时间不在同一个"频道"上,那言谈举止就会大相径庭,彼此分道扬镳也就在情理之中了。

前路漫长而多艰,目标扑朔而迷离。如果你选择了任重与道远,就一定要远离躁切与浮躁。除弘毅之外,还要深深地烙上两个词汇:"忧患"和"危机"。

负　重

一

　　这里说的负重,不仅仅是指担负众望或担负重任。

　　陆逊在夷陵战役中,率军对峙刘备亲自领统的蜀军,为避其锋芒,一开始采取了以逸待劳的战术。在面对东吴众将的不满和急于求战的心理下,陆逊做了一次卓有成效的演说。其中有这样一句:"国家所以屈诸君使相承望者,以仆有尺寸可称,能忍辱负重故也。"这里,陆逊特意强调了他自己的一个优点,那就是能忍辱负重。正因为有了这个优点,才有了"国门以内,孤做主。国门以外,将军制之"的殷殷厚望,也才有了火烧连营七百里这样的漂亮答卷。

　　无论是担负众望,还是担负重任,陆逊都用自己的实际行动完美诠释了忍辱负重的本质含义。越是包羞忍辱,越能远离浮躁,也就越能负重。越是负重,越要沉稳。一切都是为了最终的胜利。

　　负重,其实就像出海航船需要的那些压舱石,它们的作用是防止因自重不够而被风浪掀翻。而且,吨位越大,航行越远,需要的压舱石就越多、越重。即便如此,也没有谁会真正喜欢这些压舱石,因为它们毕竟在空耗着动力,影响着速度。就像我们不大喜欢受委屈和被指责一样,因为那样会影响我们原本快乐的心情。

　　但对于扬帆远航来说,没有谁能够仅凭自己的重量而不被风浪掀翻。而且,你的自重真要达到那样的程度,那还要你这样的航船什么用?这其实也就是老子说的"有之以为利,无之以为用"的道理。所以,再不要对自己的分量有任何的自命不凡。而且,越是高估自己,就越会漠视负重。而越是玩忽负重,就越发显出浅薄。当你用浅薄去应对惊涛骇浪的时候,哪里还会有丝毫生还的希望?

像赵括，由"少时学兵法，言兵事，以天下莫能当"的眼高过顶；到临危受命于长平大战这样决定国家命运的重任时，还在"日视便利田宅，可买者买之"这般对战争漫不经心；再到"既代廉颇，悉更约束，易置军吏"这样的肤浅和轻薄。至此，他像教科书般彻底走完了这条覆灭之路，剩下的就是顺理成章的身败名裂和随之而来的国破家亡。

所以，你要想扬帆远航，就一定需要压舱石来增加你的厚重。而这些所谓压舱石很可能是你原本并不喜欢的东西。

像曾国藩，在年轻时曾放浪轻浮，因为对朋友陈源兖的小妾心存邪念，在日记中写道："闻色而心艳羡，真禽兽矣！"但正是得益于他把这种喜欢斥骂为禽兽不如，并决心痛改前非，才成就了他日后的敦厚持重。

像摄影，你越是到常人不愿到的人迹罕至或奇峰绝岭的地方，越是能够拍到好的照片。我们照相也一样，越是拿捏出不舒服的姿势，你的照片就越充满张力、显出魅力。

再如我们读书、学习或工作，哪一段时间你感到轻松，那一段时间你的收获一定不会太大。相反，如果有一段时间你感到特别吃力、压抑甚至苦闷，那么，这很可能就是你收获最大的时候。

其实这就是我们不要畏惧和抱怨所有的艰难困苦的道理所在，因为它们促使着我们快速成长。

二

那为什么我们原本并不喜欢的东西，反而能促使我们成功地远行呢？道理其实很简单。你只要想做事，做出点成绩，你就一定会遇到困难。而谁会喜欢困难呢？

即便是我们喜欢的跳舞唱歌，要想干出点名堂，你就要去进行那些专业方面枯燥的训练。而我们原本喜欢的是优美的舞姿和婉转的歌声，没有谁会真正喜欢枯燥的训练。又如下棋，我们喜欢的是棋艺高超，打遍天下无敌手。没有几个人会喜欢去读那些枯燥的棋谱。我们喜欢看电影，是喜欢音画的绚丽和震撼随着故事情节延展和铺陈。很少有人会拿着那枯燥的分镜头剧本读得津津有味。

有人说,他很喜欢读书:捧一杯香茗,在冬日的暖阳下,舒适的躺椅里,慵懒而安静地看书。我们不能否认这是一种读书的方式。但它与真正地做学问相去甚远。为做学问而读书,一定不会那样轻松和惬意。就像王守仁当初为了做圣贤而去"格竹子"那样,焦虑、烦躁以至于癫狂到不省人事而病倒一月有余。

所以,要想有所成就,你的人生中至少要有一段或几段特别艰苦的日子,特别不舒心的日子,特别勤奋的日子,以此去克服困难,成就功业,或获取技能,用来安身立命。

古语云"圣人不畏多难而畏无难",就是说真正的智者不怕艰难险阻,因为人间正道是沧桑。他们反而害怕没有困难,或无视困难,而一味地贪图安逸,不思危亡的话,离真正的败亡也就不远了。

《晋书》中有一个故事,很好地说明了这样的道理。魏文帝曹丕刚被立为太子的时候,抱着辛毗的脖子对他说:"辛君你知道我高兴吗?"

曹丕为什么高兴?显而易见,是他对名利权势的欲望得到了满足。当辛毗把这件事告诉了他女儿宪英的时候,宪英却在叹息魏国恐怕不会长治久安。她的理由是,太子是要继承父王、宗庙和国家的人。接替父王,就意味着父王将不在人世,父死,怎么能够不忧愁?主持国政,就意味着要挑上千斤重担,如此的负重,怎么能够不忧惧?置这样的忧愁与忧惧于不顾,反而高兴成那个样子,国家怎么能兴盛呢?

曹丕如此喜欢权势地位,以至于"幸福"骤临时,一改平日的内敛谨慎,表现出难以掩饰的喜悦。这样的幸福感至少暂时冲淡了亲情人伦,暂时淹没了千斤重担。

就连看惯了血雨腥风的曹丕都是如此。试想,我们能智慧或隐忍到哪里去?谁不喜欢轻歌曼舞,谁不喜欢珍馐美味,谁不喜欢游山玩水?

当所有这样的喜好成为现实扑面而来时,还会有几个人记得起老子那"五色令人目盲,五音令人耳聋,五味令人口爽,驰骋畋猎令人心发狂,难得之货令人行妨……"的谆谆告诫,更不要说去身体力行了。

其实,老子他老人家也十分清楚地知道,他说的这些,不是平常人能轻易做到的。因为我们的好恶，大多建立在欲望的基础之上。而欲望的特征永远是过高估计自己，且无休止的赞美和追求享乐与安逸、富贵与名利。

但他悟透的这些道理，又有人很想让他说出来。所以，他没有忘记在这一章的最后，特意加上一句"是以圣人为腹不为目，故去彼取此"，来强调这近乎是圣人的作为，可见克制欲望是多么困难。

三

既然如此困难，那么，我们可不可以换个角度，不再单纯地去纠结如何才能压抑、克制和减少欲望，而是索性把它放大，就像在显微镜下观察一样。不仅看清它的生长脉络，还要看清它的横生枝节。就算我们对生长脉络无能为力，但我们是不是可以尽量避免横生枝节呢？从而使我们在和欲望有交集的所思所想、所作所为中，是不是能够尽可能地做到正常一点，再正常一点？

就像项羽，你尽可以心怀天下，甚至可以去逐鹿中原。但你怎么可以丧心病狂到一把大火，三月不灭，燃尽"覆压三百余里"的阿房宫？你怎么可以残忍暴戾到一夜之间坑杀二十万放下武器的秦兵降卒？你的欲望是剑指天下，可那座宫殿既非战略要地，又不是前沿堡垒，那些秦兵降卒更没有武装到牙齿，你为什么还要如此横生枝节？

你可能会说，那座宫殿耗尽了民脂民膏，那些降卒正在伺机反戈。但你怎么就不明白，那座宫殿更是人民智慧和汗水的结晶，那些降卒很可能即将成为你统治下的子民。连一座宫殿都非烧不可而不能利用，连二十万降卒都非杀不可而不能教化，靠着这点本事和伎俩，还好意思说什么"彼可取而代之也"的大话？

还有石崇，你尽可以富可敌国，甚至可以去坐享其成。但你怎么可以为"斗富"而暴殄天物到一把铁如意击碎珊瑚树，弃国宝如敝屣？你怎么可以为"劝酒"而杀人到停不住手？你强取豪夺、贪污行贿，这哪里还是什么横生枝节！

天生就龌龊和卑贱到骨子里的石崇，真是让人搞不明白在炫耀什么，甚至都搞不清楚你的欲望到底是什么。

历史有时候确实会开个玩笑，但不会把玩笑开得太大、太持久。你敢一而再、再而三的不正常,敢使你的本领总追不上你的欲望,那么,它就敢叫停你的这种不正常,就敢终止你这种力不从心的拙劣表演。就像自刎乌江的项羽,还有被诛三族的石崇那样。把你,连同你的欲望彻底地碾碎并埋葬。

你可以住豪宅。范蠡泛舟江湖时,一定不会再像勾践当年那样,睡在柴草之上,但人家那是在成就"陶朱之富"的传奇之后。你可以开豪车。曾国藩陪彭玉麟焦山还愿时,坐的是当时很罕见的小火轮,但人家本来有条件和资格坐着军舰去的。所以,就算你放大你的欲望,也不要使它成为挣脱你能力和资格的"脱缰野马",不要横生出残忍、暴戾、莫名的炫耀,一味地发泄,和打肿脸充胖子等这些"枝节"。

很明显,就算你再渴,也不会去喝海水,更不会用"饮鸩"来"止渴"。那为什么就不明白,这样的"枝节"其实比毒药来得更加猛烈!

就算你追名逐利,也有堂皇的进身之阶,正当的获利之门,何必去做那些投机钻营、欺上瞒下、奴颜婢膝、溜须拍马,甚至是伤天害理的营生,使自己都瞧不起自己?如果是那样,你积"劳"怎么可能不成"疾"?

而且,这样的"积劳成疾",很大程度上是一个不可逆的过程。因为要么暴戾,要么俗媚的行为,类似于"习武"或"修道"中说的旁门左道,只要沾上,就会甘之如饴。它不需要"冬练三九,夏练三伏",也不需要"正心凝神,循序渐进",它只需要你够狠够贱。你一旦开始这样的行为,就特别像抽上了鸦片,莫名的亢奋和虚幻的极乐,会把欲望的幻象演绎到登峰造极的程度。从此,你大概率将和那份稳重深沉、砥砺负重挥手作别了。

由此可见,我们要想成功地远行,最离不开的是那份敦厚持重——不短视、不操切、不浮躁、不停歇。就像在大漠风沙中行走的老骆驼,虽然咀嚼着一步一个脚印的艰难,但一步一步地接近着远方的那个目标,踏实且稳健。

然而,这样的敦厚持重,由于我们天性的好恶及外界的诱惑使然,不大可能与生俱来。即便有人天生带着点这样的潜质,也很难仅仅借此就始终如一地做到在欲望面前淡定坦然,在胜利面前不沾沾自喜,在成就面前客观认识自己。因此,我们怎么可能凭空去成就那浑然天成的敦厚持重呢?

所以,我们一定要有一些压力,遇到一些困难,经历一些坎坷,用这样的层层障碍,去过滤我们的操切浮躁,阻止我们的急于求成,浇灭我们的残忍暴戾和阿谀奉承,去成就那一份真正属于我们自己的敦厚持重。

在这样的过程中,你是否有一点顾虑所谓世俗的"面子",而去张扬或压抑这种敦厚持重的形成呢?

"面子"究竟是什么?我们接着聊。

三 争气仅仅是为了面子光鲜吗

面子

在乎面子,还是不在乎面子?这是一个问题,也是一个过程。

类似于"看山是山,看水是水;看山不是山,看水不是水;看山还是山,看水还是水"这样的佛家境界。

关键是,你在哪个境界和层次。

"人至贱则无敌",算是对那些"死皮不要脸"的人比较恰当的总结吧。然而,这种"死皮不要脸"般的混不吝,千万不能透过"肌肤"而深入"骨髓"。

因为,骨轻则命薄,命薄则运舛,运舛则多艰,多艰则卑悯,卑悯则人贱,人贱则浮躁,浮躁则不专,不专则无获,无获则无依,无依则甚贱,甚贱则皆弃,皆弃则甚卑,甚卑则自弃,自弃则至贱,至贱则骨轻。

是谓骨轻人贱,人贱骨轻。

所以,如果有可能,最好还是顾点颜面。面对那些毫无顾忌,甚至肆无忌惮地轻易拉下脸面的人,多少还是留点神的好。

面　子

一

很早就听说过"要知真富贵,还是帝王家"的俗语,却没有什么直观的感受,直到去了一次北京故宫博物院。

还需要用什么辞藻来形容这座宫殿吗?我只感到自己置身其中,无论站在哪里,都渺小得如同一片树叶。当然,这里的"渺小",纯粹是空间的概念,与精神无关。所以,自从来过这里,我就一直在想:这么多的房子,他们住得过来吗?这么巍峨且宏伟的建筑群,真的有必要吗?

后来,我才知道,不仅是我,就连刘邦,也有此疑问。面对萧何主持修建的未央宫,《汉书·高帝纪》留下了"上见其壮丽,甚怒"的记载,以及刘邦那句"是何治宫室过度也"的斥问。

有问就有答。萧何当时给出的解释是:"且夫天子以四海为家,非令壮丽亡以重威,且亡令后世有以加也。"他的意思就是,壮丽其实不是目的。天子占有四海之地,不壮丽无法显示皇权的至尊和强大。正因为这样,不仅要壮丽,还要壮丽得让后世无法超越。

好一句"非令壮丽亡以重威"。然而,对此你可能会说,那是古代统治者穷奢极欲的借口和冠冕堂皇的说辞。那也没有错,因为谁也不能否认那些古代统治者原本就有贪婪和奢华的本性。但是,如果我问你,佛贪婪吗?佛爱财吗?无论从什么方面和角度来回答,答案极有可能都是否定的。

那么,你所见到的寺院和庙宇,是破败萧条还是金碧辉煌?你所见到的佛像,又有哪一尊不是包银鎏金、华彩四溢?而且,只要一有条件,就去"重塑金身"。

当然，我们很清楚，对此合理且令人信服的解释有无数种。然而，这其中是不是有一种，是在维护"佛家的体面"？

无论是"皇家体面"，还是"佛家体面"；无论是自己直接营造的，还是众生间接给予的，说到底，都是我们常说的"面子"问题。

"人活一张脸，树活一张皮""人争一口气，佛争一炷香"。这些都在说明，面子是精神的外射，尊严的有形表现。毋庸置疑，这种表现方式，可以用"壮丽"或"辉煌"去展现，因为他们一个富有四海，一个普度众生；一个重威，一个立信。

高山仰止的地位和威信，使他们有资格和能力，用"令后世无法超越"的体面，去彰显他们的精神和威严。而作为普通人的我们，到底应该怎样看待所谓"面子"呢？

比较有借鉴意义的，是苏轼在《和董传留别》的七言律诗中，留下的"腹有诗书气自华"的名句。那自然是"腹有诗书"的行为在前，丰盈而华美的气质在后。而且是自然流露。就像"春风得意马蹄疾，一日看尽长安花"这样的风光无限，一定是在进士及第之后。否则，落第之后的心情只会是"月落乌啼霜满天，江枫渔火对愁眠"。

这就是为什么刘邦在坐定天下之后，才任用叔孙通去重塑皇家礼仪。而戎马倥偬之时，颠沛流离之际，烹煮老父的肉汤，他也要分一杯羹；随车逃命的一双儿女，也被他推下过两次。那时的他，何曾在乎过一丝面子？

由此，我们很容易认识到，面子其实就是在成就和功绩的基础上，自然而然形成的。充其量在功成名就之时，稍加修饰而已。

二

沿着这样的思路，我们应该关心和致力的是如何成功，或者说是如何做事。至于所谓面子问题，那是我们在跋涉的过程中，作为最后一个要素去考虑，甚至完全可以不去考虑的。因为"英雄不问出处"这句话，就旗帜鲜明地告诉我们，你的"凯旋"之日，就是英雄桂冠加冕之时。所谓"面子"的本性，看似就是这样的水到渠成。

然而，即便是这样的面子，也只是对你过去的肯定和赞美。而且，只可能是恰如其分的肯定和赞美。你永远不要指望你的面子会大过你的功绩，更不要指望以前挣下的面子，可以一劳永逸地去固守现在以及未来的"体面"。

"胡服骑射"时的赵王雍是何等的雄才大略、所向披靡。即便如此，也丝毫不能阻挡他因为晚年的一场乱局，被活活饿死在沙丘宫。他的谥号，"赵武灵王"，多么准确地定义了他的一生。一个"武"字，取"克定祸乱"之意，用以褒奖他雄霸中原的功绩。一个"灵"字，盖棺定论了他晚年的这段乱局，可谓颜面扫地。

"墙倒众人推，破鼓万人捶"这句话，虽然刻薄，但也给了我们足够的警示。

面子，本来就是一个光鲜亮丽的存在。没有对它"如切如磋，如琢如磨"的过程，你怎么会收获"光润玉颜"的体面呢？没有对它"摩挲把玩，极尽保养"的呵护，你怎么能保持这种"晶莹温润"的持久呢？

如果你不喜欢，或者忍受不了过程的艰辛，那压根就不要去幻想会得到什么相应的面子。因为所谓面子就像一颗转瞬即逝的流星，在你功成名就的一刹那，辉煌地划过天际，又悄无声息地坠落在漆黑的夜空里。

我们等待的，只是它灿烂而短暂的再一次绽放。而为了这样绚丽的绽放，你付出的却是经年累月的"绞尽脑汁"和"辗转反侧"。而这，也就是"面子"那天生而独特的"烟花"效应。

所以，面子，只是在你经受长期的艰难困苦之后，而衍生出来的副产品。没有人能仅仅因为面子，就经受得住这种磨砺的煎熬。

由此，我们不难看出，为了面子去虚张声势，是多么幼稚；为了面子去欲盖弥彰，是多么可笑；为了面子去做跳梁小丑，是多么可怜；为了面子去铤而走险，是多么可悲。

然而，不得不承认，以上这种虚幻而浅薄的面子，一旦转化为尊严和气节，一旦上升为国家和民族大义，它所爆发出来的，一定是超越时空和生命的力量。

回望公元 1279 年，南宋残兵与元军那场历时 20 多天的崖山大海战。结果没有悬念，我们已经很清楚地知道，宋军全军覆没，"浮尸出于海十余万人"，南宋皇族、文武及军民皆血战殉国。此情此景，有谁还会用"胜王败寇"的标准来苛责这些殉国者？又有谁会对他们誓死不降的民族气节指手画脚？他们铮铮铁骨的尊严、舍生取义的气节，已经超越时空和生命的意义，成为高悬在我们头顶的明星，照亮着我们前行的路，成为深植于我们灵魂深处的种子，然后生根发芽。

所有的这些，是不是让我们对"面子"的认识，进入了另一个新的境界呢？

虽败犹荣，虽死犹生，不纯粹以成败论英雄，是不是更应该成为任何一个民族或个人的气节和良知呢？这样的"面子"，是不是更值得我们尊敬、呵护，并发扬光大呢？

三

我欣赏那些不为一己或一时的面子，而是紧盯目标、勇于追求和实践的人。因为他们远离了过程中的虚荣，对目标和结果更加关注。

他们不会像隋炀帝杨广那样，因为高句丽王拒绝入朝，感到面子受挫，就轻举大兵，三征高句丽。如果你非要说，距今1000多年前的这位帝王，具有环球视野，之所以发动这场战争，是出于国际秩序的考虑，那也不用搞出"度其土地人民，才当我一郡，卿以为克不"这样扬扬自得的"面子工程"吧？他这样好大喜功的结果，很可能是以个人彻底的失败，间接导致隋王朝的覆灭。而事实也正是如此。

能够挣脱世俗的"面子"的羁绊，固然增添了成功的砝码。然而，这样的成功，是不是带着一点急功近利？是不是带着一点见风使舵？是不是还带着一点残忍和暴戾呢？

因为他们太过关注结果，以至于他们的行为方式及产生的余韵流弊，则完全不在他们的考虑范围之内。这样就很容易再现如孟子讲的"拔苗助长"般的急功近利，吕布被骂作"三姓家奴"一样的见风使舵，以及清军入关时造成的"扬州十日屠城"那样残忍和暴戾的景象。而这也正是我为什么更加欣赏那些即使穷困潦倒，也要整洁出门、昂首走路的人。

晋献公长子重耳在出逃的路上饥寒交迫、性命攸关之时，也会对农夫以非常不友好的态度捧上的土块纳头叩拜，还美其名曰"这是上天赏赐的土地"，并恭恭敬敬地收下土块，装车带走。而随车走远的，还有他以及他的属下那几乎要饿昏过去的身躯。

濒临身体崩溃的边缘,还对此时此地毫无用处的一把土块礼敬有加。以世俗的观点看来,这不就是"死要面子活受罪"的实例吗?然而,他们在穷途末路中,生命堪忧时,还能有此克制、坚定中充满无限期望的行为举止,难道仅仅是一时心血来潮的作秀?

就算是面子工程,这样的"面子"也是深植于骨髓里,流淌在血液中,凝结成高贵的"基因"而自然流露。植入这种高贵的"基因"而呈现出来的面子,除了溢光流彩,还贴上了高贵的标签。这种高贵,不因荣誉或困苦而改变,甚至与成败或生死无关。它只是一种与你追求的目标相得益彰的行为方式和道义底线,启迪精神、鼓舞行动,不浮夸、不猥琐,名副其实、心安理得。在此基础上,你收获的所有体面,不仅绚丽,而且永不褪色。也许,这才是面子的本质。

你千万不要认为这种高贵,会和世俗中所谓地位、出身有什么必然的联系。

明末皇帝崇祯,身份之贵、地位之隆,不必多言。然而,他为了保全所谓"颜面",下旨斩杀兵部尚书陈新甲,哪有半点高贵的影子。向清军求和,是当时迫不得已而又切实可行的方略。他完全可以力排众议、铁肩担当,将此转化为战时国策,一力扛下暂时的屈辱,去化解燃眉之急,等喘上这口气,再去收拾破碎的河山。

你也千万不要认为这种高贵,会和世俗中所谓受教育程度、拥有知识的多少有什么必然的联系。

大清重臣、三朝元老张廷玉饱读诗书,可谓才高八斗。近半个世纪的官宦生涯,他清廉勤勉、可圈可点。就是这样一位近乎完美的人物,晚年却因为太过惦记"配享太庙"的尊荣,反而颜面扫地、孤寂终老。

还有,最重要的,也是最容易产生误解和争议的,就是你千万不要把本书前文中提到的那个"三让"敌军的宋襄公列入"高贵"的行列。

看看宋襄公,在泓水之战中,为了所谓"仁义"的"君子之风",而罔顾战争规律,提出"敌军无备不战,敌军半渡不战,敌军阵式未列不战"的论调。那还打什么仗?还去争什么霸业?早早投降还免得生灵涂炭。

如果说,他坚持这样的"君子之风",是去深谋远虑"不战而屈人之兵"的话,那应该进行另一番筹划和准备呀！可事实上，泓水之战却以彻底惨败而告终，他自己还身受重伤，不久后一命呜呼。哪有什么深谋远虑可言？

他的"仁义"既没有使敌军受到感召而放下屠刀，也没有使他的人民心生自豪而感到虽败犹荣。事实上，人们纷纷指责他丧师辱国。

你是在"搞笑"吗？而这样的"搞笑"，从来都与高贵无缘。

相反，那个后来成长为晋文公的重耳，以他为主人公的"退避三舍"的故事，倒是完美诠释了高贵的定义。因为在流亡时，楚成王对他有恩，作为报答，当时的他说了大致这样的话："要是托你的福，果真能回国当政的话，我愿与贵国友好。假如有一天，晋楚之间发生战争，我一定命令军队先退避三舍。如果还不能得到你的原谅，我再与你交战。"

还用解释这句话吗？前途未卜到如此地步的重耳，还在如此客气且笃定地坚持着他"回国当政"的梦想。是的，和你友好是我的心愿，但我不能确保我们之间一定不会发生战争。假如真的战斗打响，我也不会主动进攻，而是先后退90里。

这里，我们要切记，重耳的底线只是这90里。如果你还要进攻，我可就要还手了。事实也确实如此。公元前632年，按当初许诺"退避三舍"的晋军，在城濮之战中大破楚军。这才是对面子做出的高贵诠释——知恩图报，给足别人面子；保持底线，为自己挣得面子。

这样的高贵，在面子上的表现，对于我们普通人来说，有一个重要的标志，那就是拒绝。如何拒绝别人和怎么样被别人拒绝？

拒绝或被拒绝，最显著的表现，无疑是在对现金的拆借上。下面，就以借钱被拒为引，来聊聊拒绝这个话题。

拒绝

拒绝,原本可以不那么傲慢和生硬;
被拒绝,原本也可以避免那些无奈和尴尬。

只要为人所求，或有求于人，一定会有拒绝别人，或被别人拒绝的可能。这情有可原，毕竟一个"求"字，有给予、施舍，或仰仗、依赖的意思。

而施舍及依赖，是最不容易把握的两种情感和行为，它要么趾高气扬，要么低三下四。可能出现这两种极端的表现，最重要的原因，就是任何事物最重要的特性——"有用性"。

因为"有用"会引起地位、权势、财富，甚至心理及欲望的膨胀式变化，在越来越变得面目全非的过程中，这个所谓"有用性"，一定会随之递减。同样，因为"没用"，你"外在"和"内在"的那些变化就会向萎缩的方向发展。

如果是这样，那你什么时候能够真正认清自己呢？所以，从一个人怎么拒绝别人，又怎样被别人拒绝，也可以知道他是一个什么样的人。

拒 绝

一

说到拒绝，自然就想到了很多年前，在一次同学聚会上，我们讨论得最多的这个话题。

当时正值我们都在四处看房、买房的阶段，筹款借钱自然成了无法回避的话题。几番哭穷、抱怨、高谈阔论之后，话题渐渐集中到借钱被拒这一几乎共同的遭遇上。而且，大家一致认为：越有钱的人，越可能拒绝借钱给你。相反，那些和我们条件差不多的同学和朋友，即便人家也在买房，可总会千方百计挤出一点让你去应急。所以，"为富不仁"成了我们当时几乎所有人都咬牙切齿表达出来的急躁和不满，全然忽视了谁都缺钱这个明显的事实。

当然，没有任何人负有必须借钱给你的义务。同样，也没有任何人会因为别人不借给自己钱而欣喜若狂的。尤其是在买房这样的事情上，而且是在十多年前的北京。

所以，如果你真的珍视自己的面子，就不要轻易向别人借钱。实在万不得已，也要切记不要向你认为的所谓有钱人借钱，即便这个有钱人和你关系再近。显而易见，你们不是一类人。而拒绝，常常就是因为你们不是一类人而肆无忌惮、司空见惯地发生着。如此一来，你不仅达不到借钱的目的，还会自取其辱，从而断绝了你和这个有钱人貌似友好的关系。

由此，我们在借钱的基础上，再推而广之。那就是，任何时候、任何事情，你最好不要去求别人。一定要切记：给人帮助，永远比求人帮助更有尊严。也就是说，给予永远比索取更令自己坦荡、愉悦和自豪。

此间道理,还是东汉的思想家王充说得透彻。"贫人富人,并为宾客,受赐于主人,富人不惭而贫人常愧者,富人有以效,贫人无以复也。"意思就是:同样受邀出席宴会,并接受别人的恩惠,富人受之坦然,穷人会局促不安。原因就是前者有用来作为礼尚往来的东西,而后者却因身无长物而无法回报。

当然,对于信奉"不要白不要,要了也白要"这类观点,并厚颜无耻地去身体力行的,虽大有人在,但确实不在本文的讨论范围内。

然而,对于"不求人"这事,谁也不能"站着说话不腰疼",更不能"好了疮疤忘了疼"。何况,谁又能说他自己不是"只缘身在此山中"呢?再说,"一个篱笆三个桩,一个好汉三个帮",谁又能保证自己一定能够做到单枪匹马去包打天下?

所以,寻求合作伙伴也好,解决燃眉之急也罢,不管是事业上的分工与合作,还是生活上的扶助与救困,因为资源不同、能力不同、时机不同,求人帮助和帮助别人这种相互帮助的事情总是无法避免的。

其实这种相互帮助或拆借的原理和现象,正是催生银行出现的根本原因,也是银行的基本职能。可见相互帮助和拆借现象的普遍性。

与此同时,在我们的普通交往中,拒绝别人和被别人拒绝的情况,当然也会屡屡发生。虽然这是再正常不过的事情,但真要做到让双方都心无芥蒂,却也不是那么简单。

那些诸如要宽厚、体谅,要多站在别人的角度去思考问题之类的劝导,无疑是隔靴搔痒。道理再明显不过,《水浒传》里的宋江,之所以受天下英雄拥戴,不就是因为其所作所为坐实了"及时雨"的名号吗?而王伦之所以被杀,不就是因为他拒绝了晁盖那一帮人入伙的要求吗?

付出不一定有回报,宋江是幸运的,但绝不是每一个人都会如此幸运。拒绝必定会招致同样拒绝的报复,差异也仅仅在于形式的不同而已。至于王伦的结局,也不算太过颠覆人性。

所以,如果决定付出,就要做好不求回报的准备;如果决定拒绝,同样也要做好被别人拒绝的准备。道理就是如此浅显和直白。

如果你是开银行、做企业,虽然要另当别论,但这样的道理亘古不变,区别也仅仅在于后者建立了一整套能够堂而皇之地拒绝你的制度体系而已。

当然,如果你非要给这样的制度体系披上点现代、科学、契约等的外衣,那一点错都没有。任何的观点,只要你口心如一、言行一致也就足够了。

二

由此可见,凡是能帮别人的,就尽量帮点。因为帮别人就是在帮自己。就算没有任何实质性的回报,至少也令人心情愉悦,无愧于朋友。但很显然,所谓"帮急不帮穷"的原则、"恩将仇报"的现象等,也无一不在说明人情世故中拒绝的正当性和必要性。

然而,拒绝别人之后,再被别人拒绝这事,当然也在情理和意料之中。两难之下,到底应该如何看待和运用拒绝呢?

就拒绝而言,无外乎三种情况。

一种类似于"挟泰山以超北海"。不是不愿答应别人,而实在是自己能力不够。这种情况下,别人一般也不会死乞白赖地求你帮忙。万一有人"病急乱投医"对你说起此事,你所要做的只要不是"打肿脸充胖子"就足够了。明明白白、直截了当地拒绝别人,别让人家对你抱有任何的幻想,在你这里瞎耽误工夫,就算是帮了别人的忙了。这种形式的拒绝一般并不常见。显而易见,能力不够,你连拒绝的资格都没有。

还有一种类似于"为老人折枝"。不是不能帮助别人,而纯粹是不愿帮助别人。不管是因为以前帮助别人伤透了心,还是因为天性就厌恶对别人施以援手,甚至是因为你轻视、看不起这个人,只要你决定拒绝,你就要拒绝得干脆利落。因为对别人的任何请求,你都有拒绝的权利。拒绝,本身没有任何的错。很显然,没有谁应该对别人的人生负责。

但你如果在拒绝别人的同时,还要讽刺、打击别人,抬高、保全自己,企图使别人认为:自己暂时的困厄是"罪有应得"而必须"自作自受";企图使别人深信:你的袖手旁观是另有深意而需要对你感激涕零。那你就太过无耻和卑鄙了。

在正常的交往中,拒绝别人的同时,还企图让别人对自己感恩戴德的一切思想和言行，无疑都是"臭流氓"。如果你胸怀稍微坦荡一点，心地稍微善良一点，一定要拒绝，而且应该在一开始别人还没有对你抱太大希望的情况下，将你的拒绝进行得坚决一点，明确一点。不拖泥带水，不节外生枝，就是将这种拒绝的危害降到最低的唯一办法，无论是对人还是对己。

  这种形式的拒绝一般也不常见。举手之劳的事，别人都不愿帮忙，那这人该有多冷漠，多看不起你，你们之间的距离又该有多么遥远。而距离实在太远的话，不要说被拒绝，就是别人主动给予的帮助，如果真正懂得面子，知道争气的话，最好也不要接受。当然，这里说的距离，绝不仅仅是地域的概念。

  拒绝的第三种情况，是在帮助别人这件具体的事情上，不是彻底的遥不可及和完全的力不从心，当然对自己来说，也不会易如反掌到可以不费吹灰之力。

  这种情况，可能会区别于能力不够的坦然拒绝，也可能不同于压根就不愿帮忙的断然拒绝。想帮忙但又实在是怕麻烦，想拒绝而又留有余地。犹犹豫豫、一拖再拖，他们最大的愿望就是希望此事能够不了了之。

  之所以会存在这种形式的拒绝，那至少说明，你们之间的距离不会太远，你们的经历、处境、地位、财富和人脉等条件不会差距太大，不会是纯粹的上下级关系，也不会存在明确的、经常性的利益往来。更关键的，就是你们双方都没有"声名显赫"或彼此都不是"穷得揭不开锅"。

  施以援手吧，真的需要费些力气，却又明知不会有什么回报；拒绝吧，自知风险不大，但又真的碍于薄面。正是这样的原因，这种形式的拒绝才来得好像"雾里看花，水中望月"一般。没有能力帮不上忙；虽有能力，却压根不愿帮忙；努力一下，能帮上忙，但就是不愿费这个心力。于是，就出现了拒绝。相应的也就有了坦然、断然和含混等三种拒绝的形式。

  当然，所有这些有关拒绝的情况和形式，都是在一般意义上呈现出来的普遍特征。在针对每一个不同的事件，具体到每一个不同的个人时，一定会有不同的处理方法。

  那么，对于我们个人来说，这个普遍特征能够给予我们什么样的启示？我们又该为拒绝赋予怎样尽可能恰当的个性特征呢？

三

就拒绝的普遍特征而言,我们足以从别人拒绝自己的方式上,清楚地看到彼此距离的远近、条件的高低。

这无疑会要求我们自己要争气、自强不息。道理很简单,坦然和断然拒绝别人的背后,怎么可能掂量不出自己几斤几两？只不过,前者多了些无奈和尴尬,后者多了点趾高气扬。就是那些所谓含混的拒绝,也属于拒绝的范畴。只要是被拒绝,你在那个拒绝者的眼中,又能重要到哪里去呢？

不自重,怎么能够得到别人的尊重？这一切,除了反躬自问、奋发图强,你还有任何别的出路吗？

就拒绝的个性特征而言,只要你少点目空一切,就完全可以将拒绝演绎得不那么拒人于千里之外；只要你多点直截了当,就完全能够将拒绝进行得不那样左右摇摆。

假如你"一骑绝尘",成为"一枝独秀",穷亲戚、老哥们中,难免有人如大旱之望云霓一般,渴望着得到你的"雨露恩泽"。这事虽然难免,但多了也真的会让人应接不暇。除非你另有目的,否则,我绝不相信这世上会有大把撒钱的傻子。

一概断然拒绝,虽然是可供选择的方法之一,但如此简单粗暴,未免有些托大,有些不留后路。要知道,但凡是求到你的门下,无论什么原因,至少应该还是看得起你吧。就算是看得起你的人多了,也不在乎再多这一个,但别忘了,你可能真的不是不愿帮助别人,而确实是他们良莠不齐。因为有的确实是碰到了点困难,而有的可能纯粹就是想不劳而获。

如果是这样,你倒是可以在拒绝他们的同时,给予一点力所能及的帮助。譬如有人向你借钱,你明确告诉对方钱凑不够之后,再根据自己的实际情况,拿一点钱出来,让别人去应急。同时,也要明确告诉对方,这就是你的一点"心意",不用考虑还钱的事了。

依此法,既可以在目前给那些确有困难的人一点安慰,也可以在日后,用来检验出谁才是真正值得交往的朋友。毕竟,"人上一百,形形色色"。不是每一个人都懂得感恩的道理；毕竟,出钱出力、流血流汗的帮助之后,谁也不愿培养出来一个"白眼狼"。这不是"农夫与蛇""东郭与狼"等寓言故事中告诉我们应该引以为戒的道理吗？

类似这样的原则和方法，可以普遍应用在能够断然拒绝的情况下。然而，这种情况毕竟不是经常发生，我们经常遇到的还是那些所谓模棱两可的拒绝情况。

因为和你接触最多的，当然是和你条件相近的。在这些人中，因为没有压倒性的优势，也没有无以回报的窘迫，他们的日常交往，其实更像"棋逢对手"和"将遇良才"，少了点炫耀和卑贱，少了点谄媚和讨好。拒绝的个性特征，在这种不是太过刻意的自然流露的过程中，势必会呈现得更加真实、更加多样。

除金钱外，这种情况通常还集中在各种典礼和各种聚会上。因为萍水相逢、一面之交，或因为有点错不开时间、自己确实有点疲惫，总之，从内心深处，实在不愿接受这样的邀请，但总感觉抹不开面子。所以，我们大部分人，对于此类的邀请，总是那么含糊其词。

其实，大可不必如此。现实中，给别人带来更大麻烦的，可能正是我们的含糊其词，而不是拒绝本身。因为俗话说的"酒席好办客难请"中的"客难请"，很大部分原因就是这个客人左右摇摆，迟迟定不下人数和时间，让别人也跟着左右为难。而且，这种典礼和聚会，你一定不会是绝对的主角。甚至，你就是一位可有可无的宾客，最多只有在"凑份子"的时候，大家才会意识到你的存在。所以，千万不要把自己看得太重，你真的没有那么举足轻重，尤其是在别人眼里，更没有重要到非你不可的地步。

搞清自己一直就没有那么重要的事实，哪里还会存在你认为的"抹不开面子"的事情？相比而言，拐弯抹角反而是最伤及彼此面子的做法。然而，在直截了当拒绝的背后，也不是"去就是去、不去就是不去"那样的随性和简单。

如果想要有所选择，那么，对于典礼而言，婚礼，能不去可以不去；葬礼，能去一定要去。因为欢乐不会因为多一个人而增加，悲伤却可以因为多一个人而得到宽慰。对于聚会而言，如老乡聚会、同学联谊，甚至纯粹就是作陪类的聚会，多你一个不多，少你一个不少，如果再没有什么地缘和人缘的特殊情结，能不去也可以不去。相反，对于那些欢送退休同事，或已经退休的同事有机会聚在一起的聚会，能去就一定要去。

  这种情况下的拒绝,当然不仅仅表现在典礼和聚会上,但无论情况如何复杂、形式如何多变,基本的道理应该具有普遍的借鉴意义。那就是:高朋满座,需要锦上添花时,可以拒绝;暂时困顿,需要雪中送炭时,尽量不要拒绝;如果实在要拒绝,请拒绝得干脆利落;如果不想让别人拒绝,那就要争气、自强,真正的实力才是自己唯一的底气。

  本文中多次提到争气。在我们知道什么是真正的面子,清楚拒绝的来龙去脉之后,是时候聊聊争气这个话题了。因为面子和拒绝其实都是建立在争气的基础之上。没有争气,谈何面子?没有争气,遭到拒绝不也是合情合理、顺理成章的事情吗?

  所以,接下来,我们就来聊聊争气这个话题。

争气

争气,是一种行为,更是一种态度;
就像成功是一种标志,更是那一份不问收获的默默耕耘。

毋庸置疑，我们做任何事情，都是奔着成功去的。

虽说"失败是成功之母"，但要是一直持续性的失败，也体现了"屡战屡败"的悲哀。

而"屡败屡战"，至少说明大家对你，或你对你自己还有信心——取胜的信心。

成功需要具备很多种因素。有些是自己或人为可以把握的，更多的却是自己或人为无法左右的。而信心就是其中重要的一种。幸好，它恰恰属于自己或人为可以把控的那一种。

就算暂时，甚至很长时间都没有品尝过成功的喜悦，但一定不能使自己丧失了取胜的信心，让别人丧失了对你取胜的信心。

可以没有成功，但你要用行动来证明你只是处在黎明前最黑暗的状态，这就是争气。

争　气

一

有一句歇后语叫"卖了孩子买笼屉,不蒸馒头蒸(争)口气"。

看看吧,在老百姓的眼里,对争气这事儿抱有多么决绝的信念,决绝得连孩子都可以不要。没有笼屉怎么办?就算卖了自己的孩子也要去买回来;有了笼屉,蒸不出馒头怎么办?没关系,我们费这么大劲,原本就是为了蒸(争)口气,压根与那个能够吃饱肚子的馒头没有丝毫的关系。

那么,可能有人会说,仅仅为了这个不能吃、不能穿,又看不见、摸不着的所谓争气,付出那么大代价,有什么必要,又有什么意义呢?

这里,直言不讳地告诉那些有此疑问的人:争气,对于我们每一个人来说,都非常有必要,十分有意义。

提一个问题:是"风水"好,才使得了这里的人们喜乐安康?还是兴盛昌达之后,才证明这里的"风水"好?或者再进一步,是"祖坟冒青烟"之后,他们的后世子孙才飞黄腾达?还是先有"鱼跃龙门",后有"青烟袅袅"呢?

先不急于回答这个问题,因为这里面掺杂着必然与偶然,忧伤与绝望,向往与期盼,挣扎与努力,懈怠与懒散,可恨与可怜等。它们是相互交织和缠绕,相互影响和作用着的形形色色的主观和客观因素。单纯讨论这样的问题没有任何的意义。

如果再陷入宿命和玄幻论,那就更加没有任何讨论的价值了。或者说,我们的认知水平,还不足以讨论这样的话题。

这里想说的只是,当你因为"风水"而把新建成的房子一改再改,直到改无可改；当你本着"兴盛"的愿望而把年深日久的祖坟一迁再迁,直到迁无可迁。说实话,我对这样的初衷和行为,对这份执着和愿望,保持着一份设身处地、感同身受的理解和尊重。但同时,一份辛酸和悲凉的感觉,也是我面对此情此景的真实感受。

因为,谁能不碰到点困难呢?谁又能说所有的困难都是"人为"可以解决的呢?谁又不需要点心灵的慰藉和支撑呢?尽管这样的慰藉可能使人感到隔靴搔痒,这样的支撑可能使人感到匪夷所思。然而,不可否认的是,除极少数像天灾人祸这样极端偶然的不可控的因素外,大多数情况下,迁祖坟、改风水这类的举动是源于自己不够争气,至少是目前还不够争气。

很显然,要是争气了,何必还要去做这些画蛇添足,甚至是节外生枝的事情呢?不就是因为自己家的孩子没有考上学,或自己生意失败,而后面邻居家的孩子考上了,或他们家"日进斗金",所以,就要拆掉大门重建。理由是原来的大门看着有点向后倾斜,把自己家的好风水都倒向了后面的那一家。迷不迷信暂且不说。要说的只是,这扇大门何其无辜,这扇大门又活该如此。无辜的是,你孩子考不上学,或生意经营不善,是自己不够争气,与大门何干?活该的是,这扇大门为什么就偏偏"生"在了你这样的人家?有的人家的房子,就算"百年之后",也叫故居,里面的一砖一瓦、一草一木,都是要尽量维持原貌。而你家的房子,结构要变、格局要变、家具要变、陈设要变,而且一日数变,直到变无可变。就算是迷信,这样毫无定见的频繁改动,恐怕从"聚日月之精华,吸天地之灵气"的角度来说,也不大合适吧。

而且,这样的行为怎么可能不给你平添如浮躁、自卑、迷惘等一系列的负面情绪呢?更何况,你哪里还有时间和精力去真正做所谓争气的事情呢?

就算是相信风水,在别人对你家指手画脚、言之凿凿,说应该动动这里、改改那里的时候,如果你切实地认为这几年一切都挺顺利,真的不需要改动,那至少说明,这几年你真的很努力,也很争气。甚至,如果大家普遍认为你所在之地、所到之处就是风水最好的所在,并争相效仿的时候,那我坚定地认为,你正处于你人生中最争气的时候,而绝不是什么风水最好的时候。

我这样的想法,是不是可以作为本文开篇中提出的那个风水和争气谁先谁后的问题的答案呢?

这样的答案,对于我们又有哪些启示呢?

二

就是因为不争气,你家的房子怎么盖都不对,家里的陈设怎么摆都是错的,甚至连带着祖先也不得安生。

真要这么做,愧对祖先自不必说。因为缅怀先祖的目的,只是寄托哀思、恪尽孝道,哪里还要去祈求,甚至苛求早已撒手人寰的他们,来保佑"青春鼎盛"的自己去谋求人间那所谓"昌达亨通"呢?

尽管没有伸手向祖宗要钱,还时常给祖宗"送点钱",但这种"啃老"比起要钱的那种更可恶。啃老啃到这个份上,不知你的祖先做何感想?就算是祖先泉下有知,那最好也不要再麻烦他们老人家了。生前养育我们已经够不容易的,现在有时间睡个长觉,就不要让他们在那个世界还为我们的事去呕心沥血了吧。

再说,如果你真的以为另一个世界的祖先和你心气相通,那你为什么不想想,你在这里"光宗耀祖"的丰功伟绩,怎么可能不是对他们最大的安慰?怎么可能不为在"另一个世界"的他们增光添彩?也就是说,你为什么不在这个世界建功立业,去"保佑保佑"你在那个世界的先祖们呢?

不仅如此,如果不争气,就连你身边的一桌一椅、一床一柜,也会受到牵连,遭到指责。看似是它们破坏了你的风水、阻碍了你的飞黄腾达,实则与它们何干?"虎虎生威"的你,把一切的倒霉都算在这些静止的物品上,何其悲哀、何其心酸!

如果是这样,不要说你身边的人因你而颓废、沮丧,就连你周围的物品也会被人不齿、遭人嫌弃。而它们,何错之有?难道仅仅是和你有交集、有联系,就要承受这样的委屈、背负这样的屈辱吗?

就像杭州岳王庙内岳飞墓前,秦桧夫妇的跪像那样,受到千古唾骂。可造像的那两块铸铜,也跟着倒了大霉,连带着受到千夫所指,又何其无辜!

这不就是"青山有幸埋忠骨,白铁无辜铸佞臣"的真实写照吗?

不争气,真的不仅仅只是你一个人的事情。因为,它不仅会使祖先蒙羞,也会让后辈无光。甚至,与你有过接触的一切人、事、物,都会因此而低人一等、遭人诟病。真要面对此情此景的时候,于心何忍、于心何安呀!所以,争气,对于我们每一个人来说,是不是很有必要,是不是十分的有意义?

是时候聊聊什么是争气,怎么样去争气这样的话题了。

有人问,金榜题名、高官厚禄和富甲天下,算不算争气呢?毫无疑问,它们就是你争气的具体表现形式。而且,还是众多表现形式中公认的几种。

再看看那些打着不齿于应试教育之名,而独辟蹊径去教书育人的精英人士。有几个不是出身名校,有几个不是所谓应试教育的既得利益者?他们对于这样的出身,是痛心疾首、羞愧难当,还是自信满满、引以为傲呢?

以"一网打尽天下英才"为初衷的科举制度延续了1300余年,既没有朝令夕改,也没有舞弊成风,教材基本不变,规矩相对清楚明了。那金榜题名,怎么可能不是读书人争气的表现?

如果有人说,他就是不适应这种统一的标准下,死板僵化的选拔形式。那我敢说,他多半也不适应他喜欢的另外一种形式。因为他在这种形式下干不过别人,换种形式,他多半也会是那个失败者。原因很简单,什么样的形式从来都不重要,它只是区分高低优劣的一种工具。而卷尺、皮尺、磅秤、天平也只存在着所谓精度的差异,但在对各个物体真实分量和实际尺寸的比较结果上,又能有什么出入呢?

这使我联想到一个与此类似的例子。我见过一些人,都说自己很喜欢看书,就是现在没有条件,等到有一天买了大房子或重新装修出一个书房来,他一定会博览群书。实际上,凡是这样的人,无论你给他什么条件,他都会找到不去看书的理由。因为和看书相比,他原本更喜欢的就是他憧憬的那些条件。看书只是一个连他自己可能都没有意识到的幌子而已。打着类似这样的幌子,去奢谈什么博览群书,不是像叫嚣着改变考试的形式才能金榜题名一样可笑吗?

当然,任何一条标准,任何一种选拔措施,都不可能完美无缺,都难以做到算无遗策。商人出身的李白,没有资格参加科举;才华横溢的唐寅,被诬陷考场舞弊;热衷科举的蒲松龄、少年早慧的王致和,都是屡试不第。他们虽然没有做到通常意义上的金榜题名,但众所周知,他们分别在写诗、画画、小说及饮食等方面做出了杰出的贡献,给我们留下了宝贵的财富。就是和那些金榜题名的人相比,他们不仅毫不逊色,相反,从一定意义上看,还要高出一筹。

如此的作为,不是争气是什么?所以,我们说的金榜题名应该是突破原意中狭义的概念。凡是在某一领域做出了自己的贡献,哪怕是尽到了自己的绵薄之力,就是在争气这个榜单上做到了"金榜题名"。

相反,即便是那些在狭义上"金榜题名"的人,也只是说明作为读书人,在考试这一件事情上,还算比较争气。至于以后,当然还要通过他的所作所为,来判断他的争气与否。

对于屡试不第的那些人,其实道理也是一样。才高八斗如柳永也会科场不顺。然而,即便"退隐江湖、奉旨填词",也把婉约一派整得风生水起。辗转多年,重回考场,登科也是顺理成章。谁说这样的柳永不争气呢?

同样,像高官厚禄,像富甲天下,在这里,相对争气来说,其实都和金榜题名一样,虽然有着实际的意义,但绝不仅仅是一个狭义的概念。其实,它们连在一起,我们倒是更好理解。那就是,在你发蒙受教的时候,努力学习就是争气的表现;在检验学习成果的时候,"蟾宫折桂"就是争气的表现;在你将学到的知识和技能运用到实践中的时候,造福万民就是争气的表现,创造财富就是争气的表现,投身艺术或科学就是争气的表现。

当然,"屡败屡战"也是争气的表现,"独辟蹊径""柳暗花明"也是争气的表现,不怨天尤人也是争气的表现。

三

通过以上的叙述,是不是能够感悟出一点争气的本质?

事实上,无论如何,争气都正如开篇那个歇后语说的那样,带有一点勉力而为的意思,带有一点在自己原有能力的基础上再"百尺竿头,更进一步"的意思,还带有一点做给别人看的意思。

但这些,又有什么错呢?谁不是通过"有用性"来展示和体现自己的价值?而人的这个"有用性"很大程度上指的是对别人有用。你要想使自己"有用",并使这个"有用性"深入人心，就要通过争气这种超越自我的努力和上升到精神层面的宣传，来打造自己和展示自己。很显然，没有咬牙坚持的努力，怎么能够成为"有用之才"？没有超越物质层面的追求，你的"用处"与一棵白菜、一个瓦罐有什么区别？如果是这样，又怎么去体会和展示"君子不器"的妙处呢？

所以，所谓争气，一定是基于让人感知和接收到这种实际意义上的"有用性"。最好，这种作用还能上升到精神层面。也就是说，争气，就是想干事、能干事、干成事，让自己受益的同时惠及别人。

进一步，如果实在难以两全，就算做不到委屈自己去成全别人，那至少也不要"拿着别人的血去染红自己的顶子"；就算做不到牺牲自己去传承精神，那最好也不要成为摧毁这种精神的罪魁祸首或帮凶。

如此说来，那些纯粹以隐居为唯一目的的隐士，他们的所思所想、所作所为，在不在争气的范畴？他们虽然是"士"，具有"有用"的特性，但又因其隐居，"有用性"大打折扣，甚至失去了这个"有用性"。两个因素缺其一，即虽有能力，而不愿任事，当然似乎与我们这里说的争气无缘。

这里只不过是借隐士隐居的事例，来使争气的本质特征体现得更加清晰明了罢了。至于是不是隐士，去不去隐居，如果就是个人的爱好和追求，本书一贯认为，那只是别人自己的事情，自己能够心安理得，也就足够了。

然而，即便是隐士，是去隐居，就像许由，就像介子推，如果他们真的淡泊名利到禅让天下而不受、宁可被烧死也不愿受封赏。这样的品格和精神能够被传扬开来，怎么可能不启迪后人？又怎么可能不是争气呢？

如果争气，就再也不要为了什么所谓"风水"，而去迁祖坟、改房子了。想想别人的故居，为什么能够被万人瞻仰？

如果争气，就再也不要因自己的无能，而骂媳妇"一身的克夫相"了。被封为"扫帚星"的马氏都"克"不了姜子牙，你媳妇也不会是什么"大罗神仙"。若真要想让你媳妇"成仙"，那也需要你像姜子牙那样有资格去"点将封神"。

如果争气，就再也不要把自己的过错，归结为交友不慎，而一味地埋怨、苛责身边的亲朋好友了。别人的朋友，被尊称为良师益友。到你这里，为什么就被定义成狐朋狗友了呢？

即便你目前还在接受着别人的帮助,或早已习惯了这样的帮助,抑或从来没有想过应该去回馈别人,甚至压根就不愿意去回馈别人。如果争气,那么,从现在起,再苦再难,也要尽可能主动停止接受别人对你的帮助,而想方设法去回馈别人、帮助别人。当然,这要建立在你名副其实的能力之上,这要表现在实实在在的帮助之上,这样的能力和帮助当然包括物质和精神层面。

争气无疑是正面的、积极的,更是脚踏实地、触手可及的。但毋庸置疑,它也有做给人看的成分,所以,它就有沦为幌子的可能。

而幌子,我们又应该如何认识?它对于我们个人来说,又会有哪些启示呢?

四 幌子不能用作欺骗自己

幌子

幌子,与其说是一种招牌,不如说是一种宣传;
幌子,充其量是一种手段,千万别把它当成了目的。

"酒香不怕巷子深"说的是只要货真价实，就不用担心顾客不盈门。

可问题是，哪有那么多"改变世界"的产品。就算有，消费不也是需要引导的吗？再说，"独领风骚"之后，怎么可能少得了追随者？

而且，没有这些追随者陪伴的孤独前行，除了留给我们一个凄凉的背影，还能走多远呢？

所以，综合性的事情，一定要用综合性的方法。那就是"即使酒香，也不要总是身处巷子的最深处"。

同样，做人做事，加上点幌子，既是礼仪的要求，也是避免无谓责难的方法，更是快速进入角色的手段。

但你千万要记住，宣传是把好的一面展示出来，而不是让你捏造一个虚无的假象。幌子是宣传的一种形式和手段，而不是你要达到的那个目的。

幌　子

一

　　这里说的幌子,是区别于"行标"或"招牌"的原义。虽然有些类似于借口,但比"借口"的理由更加"正当合理",比"借口"的操作更加"隐晦烦琐",比"借口"的目的更加"意义深远"。它区别于"找借口",而突出"打幌子",专指在看似"光明正大"的由头之下,采用种种表里不一、口是心非的言语和举动,通过借用、转移、掩盖,甚至欺骗的方法,来达到预先设定的目的。

　　当然,这个目的不一定都是龌龊和卑劣的。因为有些目的太过深远、有些道理太过艰深,不得不借用幌子的力量来过渡一下。

　　就像昼夜晨昏,日出月落,那些至圣先贤在看似平常的一天,早已参悟出了盛衰之道。甚至,一片落叶、一掬清泉,也能让他们体察出自然之道和生命的意义。

　　他们本来就与自然融为一体。"托体同山阿"般的通透和豁达,使他们能够像老子说的"毒虫不螫,猛兽不据,攫鸟不搏"那般,与虎蛇虫鸟和谐相处,而从来不用担心会受到任何的伤害。像这样的人,原本是不需要任何幌子的。

　　但正如"道可道,非常道;名可名,非常名",道理需要讲解,更需要领悟。而像《道德经》那样的书,有多少人在读?而读过的人中,又有多少人能够领悟?再说,纯粹依靠"读书"的方式来领悟,又能领悟多少呢?

　　因此,正如阿尔都塞所说:"跪下之后,才选择相信上帝"。"跪下"这样的幌子难道毫无作用吗?

　　还有,对于那些伪装得久到连自己都把虚幻当真实,把欺骗当坦诚的人来说,他们可能连自己都相信了他们当初祭出的那个幌子。同时,又实在搞不清楚，这样的幌子，他们又能打多久呢？

就像遭到外敌入侵时，有些人分明就是不折不扣的汉奸，非要打出什么"曲线救国"的幌子。原本只想蒙骗别人，结果连自己都被骗了进去。

像这种"炒股炒成股东"的幌子，只会使自己越陷越深，言行越来越具破坏力。根本无法把握这样的幌子到底有什么意义，又到底能撑多久。这种类型的幌子，最后的结局只会是彻底迷失自我。它的全部意义，也就剩下一个幌子而已。而你，也只能在这样一个幌子下，"左右为难"地苟且着。

但是，千万不要误会，这里绝不只是针对"大奸大恶"的描述和声讨。而且，本书从来就对所谓"大奸巨恶"不感兴趣。他们的言行举止，只是偶尔当作例子使用，完全不在本书的讨论范围之内。

对于此种类型的人和事，既不可使之转变，也无任何积极的借鉴意义。或者说，作为普通人的我们，完全没有必要去借鉴他们这种人的"成败得失"。所以，多说也无益。

那么，除了那些至圣先贤、大奸巨恶，还有哪些人需要幌子呢？他们为什么需要幌子呢？

刘备需要幌子，他的幌子是"汉室宗亲，中山靖王刘胜之后、汉景帝玄孙"。曹操需要幌子，他的幌子是"奉天子以令不臣"。

他们的显著特征是想干事，但不够资格，或"野心"太大，大到需要用一个幌子才能撑得起来的地步。而这个幌子的目的就是快速弥补资格的不足，或干脆在幌子的旗帜下，去实现自己的"雄心壮志"。

当然，还有一种情况是资历太盛、能力太强、功绩太大，以至于不得不找一个所谓韬光养晦的幌子来"挫锐解纷"，以达到"和光同尘"的目的，或收敛锋芒，以图伺机而动。

像范蠡投身商贾，泛舟西湖；像张良托名神仙，隐居深山；像孙膑装疯卖傻，以图脱身；也像司马懿数次装病，以图权势。

不管是资格不够，还是资历太盛；不管是野心太大，还是功成身退。只要祭出了幌子这面旗帜，就至少说明：不是能力与地位不符，就是现状与理想差距太远。

二

其实，会有这样的差距，其中至少涉及两个问题。其一，就是有关资格、资历的所谓"内在"的问题；其二，就是有关权力、利益的所谓"外在"的问题。

千万不要小看资格或资历。科举时代，你要是没有"功名"，不说一定不能"为民请命"，至少会在这条路上付出更大的代价。就连那个被誉为"中华千古第一完人"的曾国藩，不也拿"同进士，如夫人"这样的对联，来解嘲自己"同进士"的出身吗？谁能说他对这样的资格没有心生芥蒂呢？所以，不要说你根本不在乎什么资格。请深信，你一定不会比曾国藩豁达和智慧到哪里去。就算你自己不在乎，别人也会在乎，而你不可能永远生活在"真空"中。

就像现在，你没有电工证，怎么做电工？没有会计证，怎么当会计？没有驾驶证，怎么开车？你说你有这个能力，那不行，证明你有这个能力的方式就是取得这样的资格。而资格和资历既有联系，也存在着根本的不同。简单点说，资格是获得某项权利的先决条件，或从事某项活动的前提和身份。而资历，却是一个人积累的社会资源、获得的社会地位。前者是"登堂入室"的"邀请函"，后者是"冲锋陷阵"的"军功章"。没有资格，很可能就没有以后的资历；有了资历，很可能就具备更大的资格。就像岳飞，没有近十年浴血奋战的资历，怎么会组建得起那支"精忠报国"的岳家军？

然而，当你的资格和资历大到许多人要靠你"吃饭"的程度，就算你想要退出，都不是那么容易的时候；大到"封无可封，赏无可赏"的程度，就算你不爱权势地位，也阻挡不了别人非要给你"黄袍加身"的时候，你已由面对所谓"内在"的资格和资历问题，转移到要去面对所谓"外在"的权势和利益问题。

解决"内在"的这些问题，主要靠个人的奋斗，所以，看起来比较容易一点。谁会去过多关注一个默默无闻的小人物的奋斗历程呢？而这种"不关注"，反而给了我们更广阔的成长空间。我始终认为，当你能够不计回报、倾力付出的时候，一定是你"鸿运当头"，走"上坡路"的时候。有了"海阔凭鱼跃，天高任鸟飞"的环境，再加上"蒸蒸日上"的趋势，那么，解决资格和资历的问题，理论上只剩下所谓个人的主观能动性，应该不会特别困难吧？

要解决那些"外在"的权势、地位及利益等问题,却因其涉及面广、矛盾尖锐、需求无限,人人趋之若鹜、个个追名逐利,免不了尔虞我诈、相互倾轧,再加上资格日盛、资历日隆,惰性势必会与日俱增,我一贯认为,那一定标志着你"霉运当头",开始走"下坡路"了。

由此可见,如果资格和资历的取得会相对容易一点的话,那么,面对权势、地位和财富这些所谓"身外之物"的索取,确实要更加困难一些。

其实,这也就是"打江山容易,守江山难"的道理,也是"同患难容易,同富贵难"的道理,更是在古时会出现"飞鸟尽,良弓藏;狡兔死,走狗烹"的根本原因。

然而,在这种名不副实的情形之下打出的幌子,就真的有用吗?真的能起到预期的效果吗?

刘备那"汉室宗亲"的幌子,直接让汉献帝对他以"皇叔"相称。但汉献帝的皇叔多了,他这个"八竿子打不着"的远房亲戚又能算老几?依此去实现他继承"汉室大统"的宏图伟业吗?那岂不是痴人说梦?如果是那样,刘备何必要去三顾茅庐?何必为大腿内侧长了点赘肉而潸然泪下?

就是汉献帝本人贵为皇帝,也朝不保夕,不就是被曹操供奉起来,去吓唬吓唬那些不听话的大臣吗?至于那些诸侯,曹操难道会天真地认为只要他奉了天子,就一定会"天下归心,四海太平"吗?如果是那样,曹操何必还要去剿袁术、灭袁绍、诛吕布、北征乌桓、南平刘表那样东征西讨?何必还要冒"割须弃袍"和"败走华容"那样的危险呢?

像刘备和曹操,其实就是运用幌子的高手。因为他们比谁都清楚幌子充其量就是一块敲门砖,弥补一下他们"资格"上的不足。虽然"资格"也要求名副其实,但它更多体现出来的是要求你名正言顺。甚至,还会因为你以后的"资历",而对你当初的"资格"忽略不计,这就是"英雄莫问出处"和"江山代有才人出"的原因所在。

正因为这样,刘备用幌子进入了当时的"主流社会",曹操更是用幌子为自己加了"九锡"、晋了"魏王"。

但他们同时更明白,如果说"资格"可以用幌子的形式取得,那只是权宜之计,绝不可能长久,长久的只会是用"资历"去证明这一切。这也是他们会去转战南北的原因所在。

即便是这样,如果刘备没有镇压黄巾军时的军功,没有关羽、张飞等兄弟的帮衬,汉献帝还会认他这个"皇叔"吗?至少,会在那样的情况下,以那样殷勤的方式,迫不及待地相认吗?

如果汉献帝没有走投无路,哪个"乾纲独断"的皇帝会甘为傀儡仅仅因为一个大臣只是把自己"供奉"起来?如果以上先决条件都不成立,那他们祭出的幌子又有什么作用呢?

由此,我们是不是也能看出,任何的幌子要有作用,那也只是在特殊条件下的特殊进身之阶。"安身"尚且需要一定的条件去保证,又谈何依此去"立命"呢?

妄想纯粹依靠幌子的力量,就达到目的,而且还是"一劳永逸"和"登峰造极"的目的,那不是白日做梦吗?

三

由此可见,如果名不副实,那对于资格和资历来说,在资格方面运用一点幌子的技巧尚且如此困难,你又怎么可能指望在资历方面也去使用幌子呢?

不要忘记,之所以能够在资格上使用一点幌子,是你准备在资历上付出更多,用来弥补资格上的不足,或者说,是用来证明你以前打出的幌子正确。如果是这样,那你无论达不达到预期的目的,至少说明你很争气,或正走在争气的路上。

而你要在资历上再去使用幌子,那你准备怎么弥补呢?或者说,你根本就没有想要去弥补些什么。这就像下象棋,没有任何"后手"的"先招",起码是底气不足的。如果是这样,那你不能达到预期的目的几乎是肯定的结论,或者说,你根本就没有任何的预期目的。你所有能想到和能做到的只是能骗一会儿是一会儿,能蒙一时是一时。至于这个幌子能撑到什么时候,也只有"祈求上苍",好让它晚点破灭罢了。事实上,它"转瞬即逝",又有什么实际的意义和真正的用途呢?换而言之,它有什么存在的必要呢?

这里必须要说明的是,这种以"幌子"为目的的幌子,不是我们要说的幌子。我们说的幌子,一定是在一个所谓"光鲜"的外表之下,另有目的的。一定要辨别清楚,这个"光鲜"的外表,无论如何都不是我们的目的。因为幌子和目的存在着根本的不同。它们的区别就在于,幌子可以被"渲染",甚至可以被虚构,而目的一定是实实在在的,尽管你还没有接近它,但它就在那里等着你。

有些人"炫豪车""晒名表",戴个钻戒也生怕别人看不见而需要"脱下来凉快凉快"。如果他们的目的是说明他们很有钱,那叫炫耀。但用财富来证明他有财富的行为,除了炫耀,我只看出了无聊。而无聊,本身就说明了毫无意义。

当然,在这样的目的之下,如果这些"炫"的"豪车"、"晒"的"名表",是偷来、抢来的,或是通过种种不正当渠道得来的,那就叫"作死"。而"作死"还有两个别名,一个叫"作威",另一个叫"作福"。这么简单的道理和常识,可惜很多人并不知道,就算有些人有所耳闻,也当成了"耳旁风"。

但是,如果他们这样做,是从"人以群分"的角度出发,目的是接近更多的有钱人,或者出于生意需要。因为他们认为只有这样做才能取得别人的信任。而且,不得不承认,很多时候,"以貌取人"的现象是一个普遍的存在。那么,无论他们出发点的好坏,想法的对错,他们那"炫"和"晒"的行为都叫幌子。很显然,他们想通过这样的幌子,去达到他们预期的目的。而只有目的才能检验他们想法的对错,幌子则不具备这样的功能。因为就在同一个幌子之下,有的纯粹就是为了诈骗,有的却可能是想借此做点正经生意。所以,我们需要认清哪些是幌子,哪些才是真正的目的。

对于我们自己也是一样。我们要明白,学历只是幌子,真才实学才是目的;地位是幌子,受人爱戴和尊敬才是目的;权势是幌子,千古流芳才是目的;财富是幌子,踏实幸福才是目的……

幌子运用在资格和资历上有这样的特点和表现方式。同样,如果名不副实,面对权势、地位和利益的时候,幌子又是怎么表现的呢?

面对利益分配的时候,就是我们说的收获的季节。关于收获,我们通常会用"一分耕耘、一分收获"来形容。那原本没有任何的错误。但是,这时候的实际情况如果符合"马太效应",即"凡是有的,还要给他,使他富足;但凡没有的,连他所有的,也要夺去"成为事实的时候,你也不要大惊小怪。因为这原本也没有任何的错误。到了收获的季节,你如果还名不副实,幌子基本也不会起什么太大的作用了。

很显然，直到打猎的时候，你都没能磨炼好自己的技能，没有让大家关注到你的存在。等猎物到手，所有人的眼睛都盯着"猎物"，盯到"目眦尽裂"的时候，你还有什么机会和本事去"瞒天过海"呢？

这时候，用幌子去"争利"显然无能为力，去"避祸"倒还有可能。

千万不要以为自动放弃"争利"就能远离灾祸。战国时的韩非子也没有和李斯争权夺利，不照样被李斯害死在狱中吗？原因不就是韩非子的能力远在李斯之上，而他又没有及时打出"收敛锋芒"和"甘心臣服"的幌子吗？

所以，只要名副其实，何必要什么幌子？即便是名不副实，要借助幌子的力量，那也要尽快使自己名副其实。只是在类似"盛名之下，其实难副"的情况下，要借助幌子的力量，使自己尽快回归自我，做个踏踏实实、真真正正的自己。

要想借助幌子，把这个技巧运用得惟妙惟肖、炉火纯青，怎么能够离得开表演？但除了欣赏过舞台上的表演，对于人生中、生活里那些没有彩排的真实表演，我们又有什么感受呢？

下面，我们就来聊聊表演这个话题。

表演

表演是在真实的基础上,做艺术性的处理和加工;
而作践,却是奋不顾身地一直朝下贱的方向"作"下去。

表演是一种喜闻乐见的艺术形式，也是一种明知是假象，却可以使我们认为它比真实还要真实的现象。

　　这种感觉一旦真实得挥之不去、触手可及、深入人心，那就说明在很多时候，它本来就是比真实更加真实。

　　你没有听错，就像那句有名的台词"你大爷还是你大爷，你大妈已经不是原来那个大妈了"一样。表演可能还是原来的表演，真实已经不再是原来的那个真实了。为什么？很显然，现实生活中的那个真实，已经被舞台下人们的表演糟蹋得面目全非了。以至于舞台上的那个本来应该"表演"的表演，却越来越赶不上现实生活中原本不需要"表演"的表演。两者相比，舞台上的那个表演，就越来越"真实"了起来。

　　这是表演的落寞，还是全民表演的狂欢？

表　演

一

"人生如戏,戏如人生"这句话仁者见仁,智者见智。

是戏就离不开表演。因为无论它多么贴近生活,最后还是要以表演的形式呈现出来。而表演这种高于生活的艺术表现形式,就是对生活中那个真实的加工和塑造。所以,只要是表演,怎么可能不带点所谓"夸张"或是"收敛"的演绎?怎么可能会是绝对意义上的真实?

那么人生呢?我们在跋涉人生的过程中,是不是也需要一点表演的成分?是不是也需要用一点"夸张"或"收敛"的演绎来呈现我们生活中或人性中的那个真实,或者干脆去颠覆那样的真实?

曹丕在送别父王曹操远征时,经挚友吴质点拨,用一场涕泪滂沱的表演,生动刻画了什么叫离别的伤情、什么叫忧父的孝心。孙膑在身陷欺骗与陷害的绝境时,用装疯卖傻的辛酸而又逼真的表演,完美达到了瞒天过海和虎口脱险的目的。

名人如此,就是我们普通人论起表演来,也毫不逊色。我研究生实习期间认识的一位制造型企业的行政主管,他碰到领导的瞬间,走路看起来一定是一瘸一拐,声音听起来一定是疲惫至极的;待领导走远,他立刻又恢复到健步如飞、气宇轩昂的状态。他就是用这样惟妙惟肖的表演,向领导传达着他的所谓"劳苦功高"。

过往的历史中,现实的生活里,多如过江之鲫的他们,既非粉墨登台的表演大师,似乎也没有接受过表演方面的专业培训。但无论是处心积虑,还是事出仓促,如果有需要,他们都能表演得出神入化、登峰造极。

在这些所谓"夸张"的表演之外,那些所谓"收敛"的表演又是如何演绎的呢?

我的一位好友,大学毕业后进入一家工厂。机缘巧合,他几个月后就做了董事长秘书。因为惜才、爱才和性情相投,董事长待我这位好友如父兄师友,我的这位好友对董事长当然是既尊敬又感激。

一次周末,董事长家里水管漏水,打电话叫我朋友去帮忙。当时的他,心急如焚,真是做到了将心比心。放下电话,一路狂奔,以百米冲刺的速度朝董事长的家跑去。因为相距不远,他四五分钟就到了董事长家的楼下。也就在这时,他放慢了脚步,并力图平息那粗重的喘息。他运用了"收敛"的表演方式,尽管心里很着急,但还是慢慢地朝董事长的家走去。结果可想而知,隔窗看到他这么悠闲踱步的董事长大吼着要他跑步上楼。

不论是曹丕、孙膑,还是那位行政主管,甚至是我的这位好友,不管是为了帝位、保命,还是为了赞誉和提拔,甚至是为了心中的那一点所谓清高和骄傲,只要你展现的所作所为与你真实的所思所想有差异,而这些差异是出自你的主观故意,那在这里,我们就定义为表演。

当然,很多时候,作为旁观者可能无从察觉这样的表演,甚至无权去察觉。因为通常意义上,我们所要负责的是可以作为"呈堂证供"的言行。然而,不"诛心"不等于没有心,表演更不等于真实。只不过,所有这些需要你自己去衡量、判断、承受和担当。而且,只要有那样的"心",迟早会结出对应的"果"。因为一切都逃不过时间的检验。时间就像潮水,只有等大潮退去,才能真正看清楚到底是谁在裸泳。

二

那么,为什么要进行表演呢?

对于戏剧来说,先前是为了"高台教化",后来演绎成了"娱乐至死"。但不管如何,总体来说,还是"扬美抑丑"的居多。而对于人生来说,表演才真可谓五花八门、纷纭繁杂。有的是为了升官发财,有的是为了忍辱偷生,有的是为了撑起那早已破败的所谓门面,有的纯粹是以打击别人为乐……当然,更多的还是聚焦在"所图者大"这个最核心的目的上。由此,我们能否看出,戏剧舞台上的表演相对于人生中的表演来说,是不是更真实、更自然、更合理、更人道一点?

此结论乍听起来似乎是那么离经叛道。为什么明明经过艺术加工的虚构的戏剧,反而比我们现实中实实在在发生的事情看起来更顺理成章呢?

稍微想一下,这里面的道理其实也很简单。戏剧,众所周知有虚构的成分,是创作的结果。为使这种创作合乎情理,作者就会更加注重逻辑的合理而不至于太过恣意地天马行空,就会更加注重人伦的关系而不至于太过脱离当时的生活。这其实也是任何一种类型的创作,都在遵循且必须遵循的基本原则和规律。

很难想象,在寡居多年的大国太后又生育了两个孩子之前;在明媒正娶的皇子妃成为父皇的宠妾之前;在浴血奋战、携手成功的众兄弟被他们的老大一个个干掉之前;在指鹿为马之前;在祸起萧墙之前……能有任何同类题材的戏剧问世。

不是剧本创作的枯竭和舞台表演的乏力,而是人类历史上真实的表演有时候实在是太过精彩、太过诡异、太过乖戾,甚至是太过无耻。这种"精彩绝伦"的表演,因其毫无规矩和节制,超出了大多数人理性和正直的想象。以至于现在我们看到那些纯粹杜撰的电视剧,远远没有按正史改编的电视剧来得"跌宕起伏"和"峰回路转"。

这其中的原因,当然是舞台表演更有规矩和底线,而真实的世界,却是所谓无所不用其极。对于这些无所不用其极的既成事实,舞台表演有时也会以自己特有的方式给予理解、支持、融合和加工。在它们的诠释下,又会引爆新一轮真实的无所不用其极。难道这就是人生如戏,戏如人生?

任何表演都有目的。但为了一定的目的,难道非要进行表演不可吗?

曹丕表演,是因为自己不够强大。面对其弟曹植即兴赋就的炫丽词章,自知才思不及。可即便如此,从曹操对此事的评价来看,不还是人伦重于炫文吗?与其等着经他人提醒后再表演孝心这样小概率事件的发生,何如平时就尽职尽孝?

孙膑表演,却是因为自己太过强大。本人出类拔萃不说,还怀揣一本家传绝世兵书。如此鹤立鸡群的人,为人处世竟偏偏就少了点防范之心。

就像当下的一位富商,在儿子遭到绑架之后,解释为什么要花大价钱去加强安保措施时说的那样,明明知道自己树大招风,那为什么在过去就不知道采取点防范措施呢?

孙膑也是一样。以他的智商和谋略,只要有一点点防范意识,庞涓的那点小伎俩怎么可能逃得过他的法眼?如果是这样,何至于弄到残废以致装疯的地步?

当然,以上两位的表演确有不得已的地方和真实的基础。因为稍有闪转腾挪的余地,谁会愿意去装疯吃屎?谁又会不爱自己的父亲?只是看相比之下,爱多爱少、爱深爱浅罢了。他们的表演,虽然有点不够磊落、辛酸无奈,但基本上在没有太多伤天害理这样副作用的基础上,也算达到了他们各自的目的。

然而,我认识的那位行政主管。一次又一次把检查卫生、巡视后勤这些日常工作,通过身心不堪如此重负的表演来展示给他的领导看。对此,我真的一直在替他担心。他真的以为他的工作如此劳累吗?或者,这样的劳累只有通过他形体和声音才能传达出来并被认可吗?他难道不认为,胜任某一项工作,也包括身体状况的胜任吗?即便他不这样认为,他又怎么知道他的领导也不这样认为呢?

做一点事就把自己累成那个熊样,或者表演得累成那个死样子,真的让人怀疑,他还能不能干点事?这样的道理再浅显不过了。十斤的担子就压弯了腰,谁会相信你能挑起百斤,乃至千斤的重担?像这样如此短视、浅薄和粗鄙的表演,越是惟妙惟肖,越是显出你的孱弱无能。我实在想不出来,类似这样的表演,会有什么存在的价值和演出的必要?除非你的那位领导真的是个不折不扣的傻子。而表演给这样的傻子看,你觉得你自己不傻吗?

虽然这样的表演,我们在各种场合可能早已司空见惯;虽然这样的表演,不像明末崇祯帝"求捐救国"时,众大臣罔顾中饱私囊的七千多万两白银,而通过"卖房卖产""痛哭流涕"的表演,赌咒发誓自己身无分文那般的无耻之尤。但我还是坚决对此类表演嗤之以鼻。

那么,我的那位好友,是不是也不该做出那样所谓"收敛"的表演呢?我想,答案是肯定的。尽管他内心深处看重的是情义,藐视的是权贵,但当这种情义和权贵交织在一起的时候,他选择了逃避。这种逃避恰恰反映出了他对权贵的免疫不够。

正如电视剧《雍正王朝》中讲的一个桥段那样,清流领袖李绂和市井出身的李卫面对八王府琳琅满目的稀世珍宝：一个视而不见、正襟危坐，却被八王爷断定，他对这些珍宝的免疫力不够。不看，是他在努力控制自己喜爱的欲望。而另一个却对珍宝赞不绝口、挨个把玩。即便如此，从他漫不经心的一拿一放间，八王爷还是看出这位才是视珍宝如粪土的真英雄。

可惜我的这位好友，对权贵的态度没能做到像李卫对珍宝那样的风轻云淡。再说，这种略显幼稚、稍显生硬的表演，尽管那个董事长以后可能会明白过来，四五分钟就到了楼下是何等的迅速，但对于当时像水火这样很紧急的事情来说，楼下踱步无论如何都是不合时宜的。

三

王子皇孙、将相公卿，工人白领、学生职员，能力小的、能力大的，妄自菲薄的、自视甚高的，各色人等，都有可能在进行着属于他们的表演。不知是为了欲望，还是源自无奈，抑或是出自本性？还是那句话，仁智见仁，智者见智吧。

我虽不赞成人生有任何这种形式的所谓表演，但也不认为，人人都能具备像屈原那样"余将董道而不豫兮，固将重昏而终身"的品性、态度和作为。既然表演要发生，或者说在一定的阶段和时间内还要上演，那么，对于我们个人来说，应该如何去看待、把握和呈现呢？

像《论语》中的诸如"邦有道，不废；邦无道，免于刑戮""邦有道，危言危行；邦无道，危行言孙""邦有道，则知；邦无道，则愚"等，对我们是不是应该有所启示呢？

当"会哭的孩子有奶吃"成为某个公司普遍现象的时候；当老黄牛式的默默耕耘被这个公司的人普遍认为是窝囊的表现的时候；当越勤奋越憋屈，而越油滑越惬意在这个公司蔚然成风的时候，你不妨选择表演。但要切记，此时，你最好表演那些诸如言行上更加谦逊，人情世故上更加木讷，以及把你的勤勉、智慧、精明与防范统统掩藏在你老实巴交的外表之下等类似的行径。

这样表演，只是为了防止你被那些"流氓无赖"的"乱枪流弹"误伤至死，防止你被那些泥沙俱下的浊流裹挟而走，就是为了让你千锤百炼之后，由一个不得不适应环境,仅仅是"心怀天下"的书生,成长为能够影响并改变环境,"匡时济世"的栋梁。

当然,如果你压根就没有这样的理想和抱负,只是想着挣钱吃饭,要的就是那一份简单的平安和快乐的话,那么,此时的表演,就要改变成"做"多少,"说"多少,保证"做"前不"说"。但切记,"做"了就一定要"说"。只要是表演,这个"做"和"说"的比例,又怎么可能严丝合缝呢?而这种分寸的把握,取决于你自己心安理得的程度罢了。

这里说的心安理得,指的是你的良知,你最淳朴的本心和本性。当然,还包括你磨砺和修炼之后的心性。而之所以要如此,是因为我一直认为:既然你把快乐作为追求的目标,就要尽可能地用简单和直白去代替委屈与隐忍,尽可能地把"一分耕耘,一分收获"用具体的语言和行动交代和体现得明明白白、实实在在。

除此之外,还有一个勉强说得上可以进行表演的场合,那就是在某些突发的情况下。因其突然发生,时间紧急,情势迫切,生理和心理的骤然超负荷运转,很可能会导致情绪和行为的跌宕起伏,甚至会导致短暂的不理智。而此时,用表演的形式来掩盖、中和或疏解一下这种负面的真实感受,也不失为一种好办法。

就像我们在走夜路时,寂静无声的旷野中突然传来一声响动,我们往往会下意识地大喝一声:"谁,干吗?"企图用这样高八度的威严厉吓来疏解自己的胆怯,凸显自己的强壮。

把这种紧急情况下的潜意识上升到有意识的表演,其实早已得到了广泛的应用。像我认识的医院急诊科的医生,他们就说,在接诊时尽量不要把焦虑和急躁表现在言语和行动上。如果医生都急得像热锅上的蚂蚁,那家属还不早就被"吓死"了吗?

这种紧急情况下有意识的表演,还有一个更高的境界,那就是影响并改变舆情。像曹操在剿灭袁绍时,缴获了部下曾示好、勾结袁绍的大量信件。他却连看也不看一眼,就下令一把火将之全部焚毁。随着这些铁证的烟消云散,我想一定还包括曹操的愤怒和悲凉。但更重要的,是达到了他想要收拢人心这个至关重要的目的。

此类更为精彩的表演还发生在当时落魄的刘邦身上。有一次,在两军阵前,他不幸胸口中箭、伤势严重。为稳定一触即溃的军心,他强忍剧痛,冒着随时都有可能倒下去的风险,开始了他的表演——巡视三军,号称只是被射中了小脚指头。效果当然和预料的一样,他和他的军队顺利度过了此次危机。

表演或不表演,看似要依环境而动、依情势而行,但事实上不是出于你的内心和良知吗?

用内心和良知去感受、品评这林林总总的表演,总会得出让自己心安理得的结论,然后顺理成章地行动。如果天性未泯、人性淳厚,我向往,人生从此无表演。既然说到表演,就不能忽视能够进行表演的另一个重要场合及形式,那就是仪式。在各种仪式的名义下,怎么可能少得了表演?

那么,这种表演与我们以上聊到的表演有什么异同之处呢?这种表演对我们又有哪些启示呢?

我们接着聊。

仪式

仪式，原本是催生仪式感的最好途径和形式，
而不需要仪式，却能够时时保留那一份仪式感，是不是我们的追求呢？

任何的形式，都是在帮助我们弥补能力的缺陷、实力的不足，用以调节进度中的轻重缓急和致力于效率的提高。

　　仪式作为形式的一种，也不例外。它的存在，当然有其正面和积极的意义。然而，由于仪式这种形式具有极大的煽动性和号召力。如此"双刃剑"的特性，被"别有用心"的人掌握，就会呈现出极大的破坏力。

　　具有"双刃剑"特性的事物很多。我们就以此为例，看看从中能够得到什么启示？以及如何能够尽可能减小这样的破坏力？

仪　式

一

对仪式的朦胧感觉,是从几件看似互不相干的事情开始的。然而,这几件事情都与表演有着千丝万缕的联系。

孔子说:"是可忍,孰不可忍。"它今天已经被我们当作成语,用来形容事情已经恶劣到不能容忍的地步。而它的直接来源正是"八佾舞于庭"。

"八佾",原是古代一种乐伴舞的表演形式,也是周礼所规定的有关礼乐的一种仪式。它有"天子八佾,诸侯六佾,卿大夫四佾,士二佾"的区别,且严格规定必须"敦伦尽分,不得僭越"。否则,就叫"礼崩乐坏",让人觉得"忍无可忍"。由此,我们能够看到,即便是舞蹈表演,也可以用来作为一种仪式,去诠释礼仪规范和等级地位。甚至可以说,仪式的表现形式,除了表演,还能是什么呢?

不要以为只有歌舞才叫表演。叔孙通为刘邦制订的朝仪,何尝不是一种表演呢?西汉,天下初定之时,朝堂上,宴会时,跟随刘邦沛县起兵的那一帮人,动辄拔剑起舞,转瞬酩酊大醉,自夸、争吵以致大打出手,闹得乌烟瘴气。连刘邦自己也对此头疼不已。叔孙通毛遂自荐,制订了一整套简洁而完备的大汉朝廷礼仪,并带着朝中大臣在郊外排练、演习一月有余。这才有了刘邦那一句著名的"吾今日乃知皇帝之贵也"的由衷感叹。

把这种经过演练而达到预期效果的礼仪,通过规范的言行及程序而上升为一种仪式。所有这些,怎么可能不是一种表演呢?再说,有些仪式,即便不是以纯粹的歌舞表演的形式呈现,不需要按照严格的程式去持续地演练,但其中怎么可能没有表演的成分呢?

仪式，本身就是一个区别于现实的存在形式，是基于现实之上，有关意志、渴望和向往的标榜和体现。所以，仪式永远不可能等于现实。人们之所以需要仪式，就是要在这样的仪式里表演想象中的角色和故事。归根结底，就是以自己感动自己的方式，去达到"涤荡心灵"的目的。当然，也有不感动自己，专门感动别人；不规范自己，专门规范别人；不"涤荡"自己，专门"涤荡"别人的所谓仪式。但那更需要表演了吧。只不过，那已经不是本文中所说的表演了。所以，任何仪式都是要通过表演来完成和呈现的。而仪式的这种表演特性，正是我们深入理解仪式的关键所在。

之所以需要表演，无外乎两种情况：要么实力不够，需要表演来凑；要么实力太强，曲高和寡，需要用表演的形式来督促大家跟上这种节奏和步伐。而仪式，也就自然而然地依据这两种情况分成了两大类：实力不够的一类，实力太强的一类。道理不是很明显吗？如果实力刚好能够解决每一个问题，又不会产生任何无法解决的新的问题，那要仪式干什么？

二

像祭拜类的仪式，如祭天、祭地、祭神、祭祖等，大都属于实力不够的这一类。而且，凡是带有敬畏的成分，尤其是带有祈求的意愿，那至少说明你在这个层面、这些事情上，还没能做到驾轻就熟、随心所欲。也就是说，你在认识、解决和规划这样的事情上，还显得力不从心、实力不足。当然，由实力不足而引发、形成的仪式，还存在着很多所谓延展、组合及变形等不同的表现形式。比如，为了彰显功绩的"泰山封禅"仪式，因为实际功绩和真正实力肯定不会像仪式上所表现出来的那样直观、宏大和震撼，所以才需要用仪式这种形式和方法去弥补功绩和实力的不足。这样，至少达到看起来功绩卓著、实力充盈的目的。

千万不要轻视这个"看起来"，因为它很大程度上就是所谓舆论。而仪式的横空出世和演变发展，舆论的力量当然功不可没。这种形式，也像赋予群体一个共同特征如入会、入教仪式等。其目的就是要通过这种形式上的相互认同，达到区别群体内外的目的。而这样的区别，显然不是群体内的每一个人都能轻易做

仪　式

到的，尤其是初入群体的新人，更不会轻易具备这样的能力，或者说是觉悟。缺乏一定的实力，当然就要通过某种仪式，来达到提高这种实力的目的。尽管很多时候只是所谓"看起来"的提高，也只是具有所谓"安慰"的属性。

但不能否认的是，仪式也是"化茧成蝶"，由量变到质变的一条路径。或许，还是一条不错的路径。这种形式，还有像确定尊卑或权利关系的如礼乐仪式等，其目的也是强化那并不稳固的等级地位及心有不甘的权属关系。很显然，谁会自甘卑贱？谁又会乐意臣服？所以，谁要想去划分和确定这种尊卑等级，谁要想登顶这种权力的巅峰，谁就要拥有足够的实力。事实上，从来没有人能够具备这样足够的实力。而这，也正是为什么我们常见到的那些特别热衷于各种仪式的人，多是那些所谓独裁统治者。

此种类型的仪式，还有诸如开业庆典、毕业典礼、婚礼、成人礼等形式。其目的无非就是说明开始了一段新的历程，或者表明了一个时期的结束。但这种仪式本身，恰恰意味着你目前正处于一个阶段向另一个阶段转变的过渡时期。也就是说，你还没有能够真正"登堂入室"。否则，你要是早就越过了这个所谓的"门槛"，那这样的仪式又意义何在呢？

此外，还有一大类型的仪式，那就是实力太强。或对过去领悟得太过深刻、或对现在认识得太过清楚、或对未来规划得太过长远。甚至，干脆就是实际意义上的，像智力和体力上的出类拔萃、无与伦比。这样的实力，强大到诠释完整的理论、展示全部的事实或技能，反而不能得到普遍的认可和呼应。

此类仪式，我们多见于宗教方面的运用。而宗教，诠释的一般是像"从哪里来"和"到哪里去"这样的有关所谓根本性的大问题，所以非有大智慧不可。正所谓"唯圣者所知，非凡夫能知"，大智慧下的大觉悟，不是每一个人都能轻易参深悟透。

以佛教为例，佛陀在菩提树下的金刚座上自修自证，觉悟成佛。像"苦集灭道四圣谛、十二因缘八正道"等这样的基本教义，一开始不是人人都有耐心和能力去学习和领悟的。要不然，我们为什么总是看到很多人乐意去参加佛教活动，热衷于去身体力行像磕头拜佛那样的仪式，却很少看到他们如饥似渴地研读佛教经典。

此情此景，那些智者其实早已了然于心，并找到了切实解决这个问题的办法。毋庸置疑，这个办法就是仪式。因为改变态度的方式首先在于改变行为。行为方式的确定直接决定着你的人生态度。所以，"跪下，然后你就会有信仰"就成为仪式存在的理论基础。这也就有了我们经常会看到的诸如"磕长头""转经筒"和"挂经幡"等形式的出现。意思显而易见，那就是：你不是不读佛经吗？或者说，你还暂时读不懂佛经，或没有条件去读佛经等原因，不一而足。没关系，那就挂挂经幡、转转经筒吧。经幡随风飘动一次，经筒随手转动一圈，就相当于你诵经一遍了。如果你身边没有经筒，经幡也暂时没被挂上的情况下，"磕长头"这样的形式也足以表达你内心的执着和虔诚。即使成不了佛学大师，只要能够坚持"向善"，谁能说这不是一种修行呢？

三

从以上的角度我们能够看出，仪式，因实力与现状及发展之间的不匹配而起。也正是这样的不同步，才为仪式那丰富多彩的衍变提供了可能。而这也是仪式存在的根本原因。但同时，恰恰是因为这种不匹配、不同步的事实，又给了仪式无限的想象空间和人为操作的余地。如此一来，乱象丛生怎么可能不在意料之中？

因为不是名副其实、脚踏实地，所以它就可能瞒天过海、投机取巧。又因为考虑了舆论的因素、掺杂了变通的成分，所以它也可能浑水摸鱼、偷梁换柱。还因为具备着表演的特性、存在着积极的意义，所以它还可能混淆视听、粉饰太平。

不难理解，不是建立在名副其实、脚踏实地基础上的舆论和变通，都有点无源之水、无本之木的嫌疑。毕竟，舆论一经操控，变通一旦丧失了底线，我们拿什么去保证由此呈现出来的仪式，有任何令人心悦诚服的积极意义。这种实力与现状及发展之间的不匹配、不同步的现象，其实就是仪式存在的一个天然缺陷，是与生俱来的。

仪式就是因它而生，并和它相伴成长。仪式曾经因它而灿烂、芬芳。但不可否认，有些仪式也会因它而枯萎，因它而慢慢凋零。想想那些随风而逝的古老的仪式，再看看这些方兴未艾的现代的仪式，事实难道不是如此吗？

其实,这种所谓"成也萧何,败也萧何"的现象,何止体现在仪式上。类似这样的矛盾体,它们共生、共荣,或相互消耗,甚至携手走向毁灭的例子,怎么可能没有时时围绕我们?何曾须臾离开过我们每一个人?

孩子总是伴随着父母的爱而成长,但溺爱足以改变他们健康成长的轨迹。执着本是优秀的品格和态度,但固执无疑会阻挡你前进的脚步。衣食住行,本是生存和生活的必需,但你对这些物质的追求一经膨胀到欲壑难平的程度,那这个欲望的气球破裂也是迟早的事情。权力本和责任紧密相连,但缺少制约的权力,又怎么能够搞得清楚到底应该向谁,对什么负责,又应该负什么样的责任呢?

"马上"得的天下,"马上"你还真就治不了。雷厉风行如果是你的成功经验,但你要是一直没有学会"谋定而后动",这个成功经验很可能就是最终害死你的罪魁祸首。所有这些,可谓事实清楚、道理浅显。

那么,这种所谓矛盾及其转化,作用和表现在我们个人身上,它的根源又是什么呢?

由对仪式的表述,我们得到启示。正因为理想与现实的差距,才催生出各种各样的矛盾。或者说,才让我们感觉到各种矛盾的存在,也才给了我们前进的动力,或妥协的空间。在这样的过程中,理想与现实总是此起彼伏,或此消彼长,不是理想高过现实,就是现实优于理想。一方面,它们相互驱动、相互牵引而携手成长,另一方面,它们相互掣肘、相互消耗而共趋衰亡。

就像我们每一个人,灵魂和肉体的统一无疑是最惬意的状态。因为我满足于我的现状,这个现状是由我奋斗而得来的。但显而易见,这样的统一,这样的惬意,只可能是一个点,是一个瞬间。因为绝大部分时间,我们都不满足于我们的现状。或者,这个现状与我们的奋斗没有一一对应的严格的函数关系。也就是说,我们总是处在肉体跟不上灵魂,或灵魂跟不上肉体的状态。如果是前者,它一方面可以使我们自励自发,另一方面又会让我们自暴自弃;如果是后者,它既可以给予我们开阔眼界的机会,也会让我们看起来有点沐猴而冠。

面对如此的矛盾共生,如此的"祸福相依",我们具体又应该怎样去选择和把握呢?

仪式，作为实力与现状及发展不匹配的产物，固然有它存在的必要和意义。但是，随着人类文明的发展，仪式越来越少了，仪式感却越来越受到推崇。而且，这样的仪式感在心理学、管理学等方面得到广泛的应用。而理想与现实、灵魂与肉体的差距，带给我们所有的矛盾和困惑，就和仪式的起源、发展和演变一样。我们不能消除这样的矛盾，但也不能放任这样的困惑。最好的做法就是在每一次"灵魂出窍"之后，尽可能让理想与现实来一次亲密接触，灵魂和肉体来一次合二为一。哪怕只是瞬间，哪怕只是假设，哪怕只是表演。目的只是要你记得名副其实，只是提醒你不要忘记脚踏实地。

而且，只有理想与现实结合，灵魂与肉体统一的时候，才是你最真实的时候，也是你最自然、最惬意的时候。这个时候，对于我们个人来说，其实就是彻底认清自己的时候，就是不矫揉造作，不装腔作势的时候，也是获取力量、以利前行的时候。

这就像古希腊神话中的英雄安泰那样，之所以能够所向无敌，是因为只要他身不离地，便可源源不断地从大地母亲身上汲取力量，从而击败任何强大的对手。但只要他脱离大地，就会渐渐失去能量。而赫拉克勒斯就是把安泰举到空中才结束了他的生命。

所以，灵魂不能长时间和肉体分离。因为失去灵魂的肉体，无疑是"行尸走肉"；失去肉体的灵魂，也无疑是"孤魂野鬼"。

理想与现实，灵魂与肉体的结合与统一，不可避免涉及情绪化的问题。接下来，以情绪为题，看看会给我们带来什么启示。

五 七彩人生,怎样演绎出各自的峥嵘

情绪

真性情的反应和表现，就叫情绪，这个可以有；
以情绪作为决策的依据和看待事物的标准，就叫情绪化，这个真不能有。

借用"不在沉默中爆发,就在沉默中灭亡"这一句话,那就是"不在情绪化中爆发,就在情绪化中灭亡"。再简单直接一点,那就是坚持情绪化,就是灭亡;放弃情绪化,就获得重生。

那么,什么时候才算是放弃了情绪化呢?再借用"为赋新词强说愁"和"欲说还休,却道天凉好个秋"这两句话,那就是当你被现实打击到提都不愿提,也不敢提"情绪化"这三个字的时候。甚至,当你听到这三个字,身体就会出现恶心、头晕、气短、胸闷的生理反应。

总之,提到这三个字,你就要死不活的时候。这时,才可以说,你可以去试试,看能不能做到"去情绪化"。

情　绪

一

"泰山崩于前,而色不变。"这诠释的是对情绪的有效控制。

"怒发冲冠,凭栏处、潇潇雨歇。"这表达的是借情绪抒发的一种情怀。

"伏尸百万,流血千里。"这描述的是古代天子在盛怒之下,极有可能带来的可怕后果。

此外,像《说岳全传》里那个因活捉金兀术而兴奋过度、大笑而亡的牛皋,像《三国演义》里那个让诸葛亮骂作"皓首匹夫,苍髯老贼",而被活活气死的王朗。

这里,有情绪失控,对自身造成致命伤害的,还有可能大范围伤及无辜的。当然,也有很好地控制情绪,做到了"猝然临之而不惊,无故加之而不怒"这般的沉着冷静。更有将情绪控制得收放自如,并将之转化成一种情怀,用艺术的形式来直抒胸臆的。而你,倾向于哪一种?

无论你倾向于哪一种,设身处地地讲,像喜、怒、哀、乐、悲、恐、惊这样的情绪反应,都是放任容易、控制难,宽慰别人容易、开解自己难。正如面对亲人离世,我们大多数人很难做到像庄子那样"鼓盆而歌"的豁达与洒脱。即便是庄子本人,面对妻子的猝然辞世,起初也是难过得泪眼双垂。之后能止住悲伤,那也是因为他领悟并深信不疑所谓"生也死之徒,死也生之始"的信念。

通透、超然如庄子,对情绪的控制尚且需要这样的一个过程。可见,要做到"喜怒不形于色"是多么困难。这种困难的根本原因就在于,情绪原本就是来自真情,源自本性。如果要强行改变人们对外界刺激自然而本能的反应,而且是自己改变自己,这种难度可想而知。至此,我们可能会想,既然情绪是本性的流露,控制情绪又是如此困难,那么,我们为什么一定要去控制情绪,而不是让它展露无遗呢?

这里,我从不否认真性情的流露。不仅如此,我还坚定地认为,无论什么时候展现真性情,都显得一个人理直气壮、心安理得。因为它至少远离了伪装,远离了屈从,远离了讨好,远离了谄媚。它至少在特定的时间和事件节点上,呈现着相对真实的自己。而这是多么弥足珍贵!

然而,人生一世,从某种意义上讲,它不仅仅像草木一秋那样的简单与纯粹。因为它的目的不仅仅是绽放真实。它需要的是在此基础上实现它的价值与梦想,体验那种光荣与豪迈。为了这样的使命,你就不能任由笑容一直挂在脸上,任由眼泪肆意地流淌。也就是说,你不能只受情绪的影响和驱使。因为无论是喜悦,还是悲伤过后,等待你的只是超越,更大的超越。而你需要的是客观与冷静地直面这样的超越,而不是任由情绪的泛滥和左右。

就像三国时的刘备,因其结义兄弟关羽被东吴所杀,冲冠一怒,起兵伐吴。结果却是众所周知的兵败身亡,国势渐微。替兄弟报仇雪恨,天经地义。即使借报仇之名,行东征孙权之实,依当时的形势来看,也无可厚非。可问题是,你在统兵深入敌方三百里,从初春到盛夏,历时半年有余,百里连营于山地丘陵,人困马乏,一无所获。天时、地利、人和,都与你渐行渐远,你却一味地视而不见,顽固地一条道走到黑。你是被仇恨的情绪彻底吞噬了,还是被骄傲的情绪完全左右了呢?正如诸葛瑾说的那样:"陛下以关羽之亲,何如先帝?荆州大小,孰与海内,俱应仇疾,谁当先后;若审此数易于反掌。"为了兄弟之情,竟忘了先帝的基业;为了荆州之地,竟忘了整个天下。

任由情绪一味燃烧,被这种情绪的大火彻底吞噬也就在情理之中了。

二

克制情绪,基本可以成为不争的共识。

可问题是,不是所有的情绪都需要克制,也不是所有的情绪都能够克制。"唾面自干"式的隐忍显然不适用于所有的场合,"负荆请罪"绝不是每一次都能换来"将相和"的结局,"喜极而泣"式的宣泄也不是只用理智就能绝对控制。"主观意识",我从来都不相信它会无往而不利。相反,给情绪留一个自然流露的出口,谁能说这不是有一个效控制情绪的好办法呢?

怎么找到这样的办法呢?鲧"窃帝之息壤,以堙洪水",一味采用封堵的办法,反而致使洪水肆虐。后来,禹汲取了鲧治水的教训,采用疏导的办法去畅通河道,才使得百川归海。然而,我们怎么可能凭空就轻易地找到那个以供分流自己情绪的出口呢?又怎么能够保证这样的出口,不会演变成恼羞成怒、刚愎自用、得意忘形或破罐子破摔呢?

我从来都不相信,没有经历繁华和沧桑的洗礼,就能够轻易地领悟到宁静致远的真谛。相反,我坚信,任何的宽容和克制,都是在极致的尖刻与放任的基础上,浴火重生的结果。这里,当然包括对情绪的克制。这样的克制,当然也需要一个"凤凰涅槃"的过程。所以,你千万不要从一开始就排斥这种情绪的自然流露。相反,在你小时候,你一定要去经历那一段由情绪左右的岁月。想哭就哭,想笑就笑。即便是一言不合就拳脚相向,也无可厚非。因为年龄,此时的拳头,不会有力到给双方的身体造成严重的伤害;此时的智力,不会诡诈到给双方的心灵留下挥之不去的阴影。更重要的是,你不从拍案而起的冲动中遭遇各种挫折,怎么学习和领悟情绪的宣泄和控制?你怎么可能明白应该如何控制情绪,控制哪些情绪,这样的控制有没有标准和底线呢?如果你小时候是一个好学生、乖孩子,一直中规中矩,很少有过被情绪左右的体验,那也不要紧。明白了"宝剑锋从磨砺出,梅花香自苦寒来"的道理,亡羊补牢,为时不晚。

只是,此时的你已不再玩泥巴、过家家,不处于一切都可以说了不算、推倒重来的孩提时代了。你必须要为自己每一次的鲁莽和冲动付出相应的代价。也就是说,长大成人后的你,在学会控制情绪这件事上,要付出更大的成本。在所有的代价和成本中,你需要牢记这样一句话:"只要用钱可以解决的问题,都是小问题。"所以,在学会控制情绪的过程中,你不得不支付的只能是所谓"千金散尽还复来"的有形的、纯粹的金钱成本。那些所谓人格、尊严、信用和荣誉等无形的东西,作为成年人的你,无论如何都是支付不起的。即便是你的情绪冲动到极点,你也一定要坚持这样一条原则,那就是尽可能"对事不对人"。如果万不得已,你也可以在某件事情上展露你的贪心或恐惧,在某件器物上宣泄你的愤怒或喜爱。因为这样做的结果,只要不是失去最基本的理智,就像盛怒之下摔碎自家花瓶那样,大不了损失一些有限的金钱。但事后冷静下来,面对这些虽可弥补,但又实实在在的损失,你怎么可能不痛定思痛,有所领悟呢?

一次不行,两次;两次不行,三次。当这样因情绪冲动而造成的损失使你身无长物,令你痛彻心扉的时候,也就是你开始学会控制情绪的时候。

三

绝境之下,绝望之中,确实更容易使我们透过所谓"眼见他起高楼,眼见他宴宾客"的表面繁荣,去直面事物的本质和内心的真实。然而,不是所有的"柳暗花明",都一定要在"山重水复"之后。也不是所有的收获,都一定要建立在倾家荡产的基础之上。"事半功倍"理应成为我们做事的原则和追求的目标。所以,对于我们个人来说,在学会控制情绪的过程中付出的代价和成本,是不是能够尽可能低一点,再低一点呢?

如果实在需要宣泄,你可以像诸葛亮"抱膝长啸于山林"那样,在寂静的山谷,于无人处,以自己的方式,狂魔乱舞也好,呼天抢地也罢,尽情发泄你的怀才不遇或志得意满。当你筋疲力尽到你的身体不能承受你的愤懑或激昂的时候,当你心力交瘁到你的意志开始厌恶你的冲动和鲁莽的时候。恭喜你,你基本找到了那个分流你情绪的出口。

对自己是这样,对别人,同样应该如此。你不要试图去说服和规劝一个正在"血脉偾张"的人。相反,你一定要静静地等待他慢慢地"筋疲力尽"、渐渐地"心力交瘁"。甚至,你要觉得这样的等待太过漫长,不妨在一旁"煽风点火"和"添油加醋",来促使他们情绪的快速爆发,从而缩短他们平复情绪的过程。因为只有情绪稳定下来的他们,才有可能听得进你善意的说服和规劝。

当然,他们的作为没有规劝的善意。因此,他们不会给对方留下平静的时间。

他们可以像《孙子兵法》上讲的那样,总结出"避其锐气,击其惰归"的普遍原则;他们也可以像曹刿那样,在真正的战场上,等待敌人"再衰三竭"之后,而轻松取得胜利。

所有的这些，都是在自己沉着冷静的基础之上，调动和运用别人的情绪，从而达到自己既定目的的经典案例。所以，对于我们个人来说，找到一个情绪发泄的出口，尽快平复自己的身心，从而保持客观和冷静，是多么必要和重要！

然而，这样的出口，毕竟还是以筋疲力尽和心力交瘁为代价。那么，还有没有成本更低的方法呢？

"办法总比困难多。"这样的方法当然存在，那就是"去情绪化"。你尽可以任由情绪自然而真实地流淌。与此同时，你必须严格按照既定的规则和规律去做人做事。也就是说，在情绪的外表之下，还应该另有目的。就像"挥泪斩马谡"时的诸葛亮，悔恨惋惜的眼泪当然是真情的流露，但这不是目的。他的目的明确而坚定，那就是对马谡"斩立决"。这种态度和目的反差，情绪和做法的不同，正是"去情绪化"最好的例证。

要做到这一点，你要切记，你的任何情绪本身无所谓对错，但你要总是带着情绪去做人做事，那十有八九会是错误的。

为更好地把握自己的命运，就算你实在控制不住自己的心，驾驭不了自己的意念，做不到喜怒不形于色。那首先也要做到管住自己的嘴、管住自己的手。时刻提醒自己，但凡有情绪波动的时候，就是你坚决不开口、坚决不动手的时候，不表态、不签字、不决策、不行动。借用股市的两个词，就是"清仓出场"和"空仓观望"。等待你利用自己的方式，彻底恢复客观和冷静之后，再开始你的判断和行动——判断别人的情绪，以及你基于事物本质规律的行动。

那么，这种情绪究竟来自哪里？又和什么紧密相连呢？

毋庸置疑，它来自社会、家庭、父母及朋友，又来自工作、学习及领悟，还来自顺境和逆境……而所有的这些，交织、盘绕、共同作用下，塑造和影响的一定会是一个人的个性特点。所以，你的情绪一定与你的个性紧密相连。个性不同，它的表现形式就会不同。

而如何认识个性呢？我们接着聊。

个 性

是非有标准,个性却没有对错。

一切妄图以个性决定成败或命运的论断,无疑都是哗众取宠、痴人说梦。

我们常听到"以成败论英雄",但近来"以个性论成败"的论调也大行其道。

是他们对成败太过关注,还是对个性太过无知,抑或是他们压根就不知道什么是对错,更不知道这个所谓标准和对错的"前世今生"。

所谓标准和对错,都是在一定时期、一定范围内,针对某一个或某一类事件,经过无数次的试错,总结出来的暂时行之有效的规范。

而个性,却是那份可以与"天地精神"独往来的自由、奔放的洒脱与不羁。它贯穿古今、充盈天地,形态各异、百花齐放。

两者相比,成败、标准和对错,犹如一个个在生产线上经过检验人员千挑万选之后,勉强合格的产品。它们畏畏缩缩、战战兢兢地被分装和打包之后,等待客户的挑选。同时,也在等待着返修和退货的厄运降临。

而个性,开朗的奔放、寡言的稳重,各有千秋、各显芳华,岂能与一时一地之成败相提并论?

个　性

一

聊到个性，我们先来看几个我们熟知的个性鲜明的人。看看他们的个性对他们的人生有什么影响，又是怎么影响的。

张飞以暴躁著称，关羽以忠义闻名，秦琼仗义，敬德爽直。性格各异的他们却殊途同归，都被我们后人敬为门神。无论内向还是外向，张扬还是沉稳，不同的性格，似乎也能以不同的方式呈现出相同的精彩。左宗棠因其"勇"而别人不敢欺；李鸿章因其"敏"而别人不能欺；曾国藩因其"诚"而别人不忍欺。虽然"威猛""精明"和"忠厚"的性格截然不同，但他们都以自己的方式，守住了不被"欺"的底线，建立了各自的功业。由此可见，性格的差异，似乎更多的只是表现为奋斗方式的不同。

就像谚语所说"条条道路通罗马"，只要你脚踏实地地奋斗，就是在通往"罗马"的路上。所以，再不要因性格的差异，而妄自菲薄或哗众取宠。

正如没有两个完全相同的指纹一样，我们每一个人本来就性格有别、个性迥异。我们要清醒地认识到，任何个性都有放飞的空间。我们要做的只是把自己的个性发挥到淋漓尽致，去成就属于自己的那份辉煌。切记不要急功近利，更不要邯郸学步。因为个性决定思想，思想决定行动，行动的后果要由个人承担，这种承担又会去固化个性。经过一次次这样的循环，什么样的个性能够以什么样的方式做事，能够承担什么样的后果就会水到渠成且驾轻就熟。而不同的个性之间就会表现得泾渭分明、难越雷池。如果你看着别人长袖善舞、风生水起，就"东施效颦"般机械效仿，多半会画虎不成反类犬。这就是别人游刃有余的事，换成我们可能会举步维艰的根本原因。道理很简单,别人的这种游刃有余,是个性使然。而你,却要违背自己的个性,去机械模仿别人的方式,又怎么不会举步维艰呢?

像鲁肃,性情豪爽,乐善好施,战乱之世,散财济困,换成你我,能做到吗?当时任居巢长的周瑜,仅闻鲁肃之名,就带人有去拜访,请他资助些粮食,鲁肃当即就指着家中的两个圆形大粮仓,毫不犹豫地把其中一个赠给了他,要知道那可是三千斛米。我们学得了吗?就算是尝试模拟一下,也会为张三的借钱未还而耿耿于怀,为李四的知恩不报而指桑骂槐。想想我们以没钱或存期未到为理由,而拒绝过多少朋友的应急拆借,以悲悯或怒其不争为借口,而漠视过多少朋友的暂时困厄。而鲁肃的所作所为,明显就是根植于他豪侠仗义的个性土壤,行事作风完全就是行云流水般的自然流露。没有一丝的勉强,不求点滴的回报。从来不考虑是否会福报滔天,背影永远是那样的风轻云淡。

这就是个性使然。所以,没有这样的个性,我们还是捂紧自己的钱袋,收起悲天悯人的假面。这也是个性使然,也是一种活法。你需要做的只是延展你独特的个性,去开拓真正属于你自己的空间。什么样的个性都会有成败,只是你要选定自己的事业和方向。

二

虽然"极心无二虑"的商君死于"尽公不顾私","精忠报国"的岳飞死于"铁血丹心",秦叔宝可以因朋友而荣华富贵,也有可能因朋友而家破人亡,但这又有什么大不了。"精于术者,定死术下"的道理浅显而易懂。

具有宁死不屈的个性,就要做好被狂风吹折双翼的准备。向往万马奔腾,怎么能容忍自己死在床上?因为马革裹尸才是对他们的最高奖赏。没有倔强甚至偏执的个性,没有担当甚至牺牲的勇气,怎么去领略那顶峰的无限风光?需要明确的只是在艰苦跋涉时,要耐得住寂寞,受得住挫折。

牢记"有一种胜利叫撤退,有一种失败叫占领",坚信"沉舟侧畔千帆过,病树前头万木春",而在幸福骤临时,要坦然接受,且理所当然,这就叫敢于胜利。

不能像范进那样,中个举人就疯了,那会有什么出息。当然,如果你已年迈或已经看惯了秋月春风,或者根本就与世无争,那也没有什么大不了。把自己的个性调整到闲云野鹤的档位,尽可去颐养天年。需要注意的是,此时的你,切不可用"强"。就像曾国藩的父亲曾麟书晚年那样,自知阳气渐失,时时谦让,处处礼遇,碰到贩夫走卒都要作揖打拱。可见,长寿、养生也应该是个性使然。

韩非子在《亡征》篇中,一口气列出了近五十种国家可能灭亡的征兆。遗憾的是,他的论点只是重在"服术行法、兼并天下",却没有去剖析这些"亡征"的发轫端倪、潜藏表现及本质渊源,以供警示。而我们熟知的大秦帝国,虽笃奉法家,却也分崩离析于韩非子列举的诸如"轻其适正,庶子称衡,太子未定而主即世者"这样的可亡征兆。

受此启发,我们有必要对个性有一个更加深入和清醒的认知。

三

深刻认识个性,就要明白:不同的个性固然可以"当空舞出"不同的"赤橙黄绿青蓝紫"。但七彩的阳光有时也会被折射得光怪陆离。

就像孟子说的"富贵不能淫,贫贱不能移,威武不能屈"那样,拥有"至善"人性的人,他们心中有信仰,善恶有标准,做事有方向,行动有依据,绝不可能随波逐流。而拥有"至恶"人性的人,纯粹是把对权力和金钱的追逐和占有奉为圭臬,且欲壑难填。漠视一切正义和公理,践踏一切道德及人伦,驾驶着欲望的战车,人挡杀人、佛挡杀佛。只为一己之私欲,无所不用其极。这种癫狂的节奏,除了将其碎尸万段,没有任何办法能够使其悬崖勒马。同时,我们似乎能够看到"至善"或"至恶"的人性,表现在个性上有一个共同的特点,那就是王守仁说的"知行合一"。

这里姑且不论"知"的是"善"还是"恶",他们都能把他们的"知",彻底并坚决地贯彻到他们的行动当中。他们都没有瞻前顾后、碍于情面、欲说还休,更没有所谓偷梁换柱、欲盖弥彰。区别仅仅在于你可以高山仰止到"志士不饮盗泉之水",他却卑贱残忍到"吮脓尝屎、杀子烹饪"以伺君王。

隔三岔五

"善"和"恶"两个极端的人性特质,在个性的表现上有这样的异曲同工,也很值得我们深思和玩味。暂时抛开"善""恶"的初衷,纯粹以成败来论个性优劣的话,我们是不是可以不再放大虚荣,死要"面子"?是不是可以不再那么畏惧"人言",刻意维护"关系"?是不是可以不再一味追随"潮流"而迷失自我?是不是可以不再自命不凡、怨气冲天、心生偏见?是不是应该以结果为导向,以靶心为目标而张弓搭箭呢?

"孟轲言人性善者,中人以上者也;孙卿言人性恶者,中人以下者也;扬雄言人性善恶混者,中人也。""至善至恶",我们暂且不谈,因为我们都是"中人"。也正因为我们是平常人,所以我们的人性是可以随教化而改变的,也就是所谓"习善而为善,习恶而为恶"。

人性是个性的根源,个性是人性的表现。平常人的"善"也很简单。就是一分耕耘、一分收获;种瓜得瓜、种豆得豆;名副其实,实至名归。承担自己的所作所为,且心安理得,无愧于天地良心就足够了。而平常人的"恶"却各不相同。有不害人、不算计人就过不了这一天的;有不炫耀、不吹牛就会憋死的;有不嘲讽、不打击别人就不会说话的;有不嫉妒、不盼别人出点事就浑身不自在的;有不造谣、不搞点小动作就六神无主的;有不摆点架子、不刁难点人就如坐针毡的;有不沾点光就认为吃亏的……真是可以套用托尔斯泰的那一句话,"幸福的家庭都是相似的,不幸的家庭却各有各的不幸"。

完全可以想见,这样的人性反映到个性上会是怎样的触目惊心,这样的个性指导下的行为会是怎样的乌烟瘴气。这样的人,事实上也不会有太大的出息。因为一个人的精力是有限的,他把精力以这样的形式分散掉了,离真正的目标就会越来越远。但也不能完全保证这样的人就不会飞黄腾达。因为历史本来就是一个万花筒,沉渣泛起的时候也是会有的。

而你,是否还在考虑?考虑个性至少还有所谓"鹰派"和"鸽派"的区别,而它们将如何演绎呢?

下面,我们就分别以"抗争"和"妥协"为题,来聊聊这样的话题。

抗争

抗争,当然包括据理力争,
但英勇斗争的意味也必不可少。

强者为尊,仅仅是丛林法则的永恒规律吗?

无论历史怎样发展,社会怎样进步。面对自然、人文,抗争无时无刻不在散发着不屈与进取的魅力。

抗　争

一

　　这里说的抗争，是指不屈与进取，当然包括武力的手段。

　　像秦孝公在《求贤令》中说的"丑莫大焉"的国耻，最直接的原因就是"三晋攻夺我先君河西地"。

　　面对这样的耻辱，应该如何去洗刷呢？丘吉尔的答案比较中肯："让你在战争和耻辱之间选择，你选择了耻辱，然后你还得进行战争。"

　　确实，战争是解决问题的最后手段。也就是说，当问题累积到用其他方法无法解决的时候，战争就自然成为最终的裁决手段和措施。而人类的历史，大部分时间是在战争中度过的。也就是说，在人类历史的长河中，大部分时间中的大多数问题，是没有办法解决的，除非诉诸战争。所以，判断会不会爆发战争的依据，是会不会出现问题和出现什么样的问题。只要有问题，并随着这些问题的不断升级，"概率"就会告诉我们，战争的爆发在所难免。这也许就是"忘战必危"最朴素的理论基础吧。

　　此时，不接受耻辱的唯一办法，就是要做到"飞传捷报、胜利回京"。只有这样，才能重塑属于胜利者的所谓秩序、文明与和平。

　　千万不要小视这种"抗争"的力量。它会持续不断地瓦解我们真实或虚幻的实力，会连绵不绝地摧垮我们残存的自尊或自信，直到身心俱疲，彻底退出为止。除此之外的任何办法，虽然不能否认它的"美丽"，但也没有足够的理由让我们相信，效仿它就一定能够摆脱和战胜这种耻辱。

　　对我们个人来说，可能恰好有幸受到"文明与法制"的普照，可能会一时躲避真正意义上皮开肉绽式的挨打。但如果我们奴性多过血性,保守多过开拓,懦弱多过勇气,那么,耻辱一定会与我们如影随形。比较典型的如明末东林巨擘、礼部侍郎钱谦益。这位老兄,面对清军兵临城下,在夫人柳如是劝其结伴投水殉国之时,来了一句"水太冷,老夫体弱,不能下",遂成能让人笑出眼泪的千古凄怆。而且,这样的凄怆还没有结束。随着钱谦益的降清北上,柳如是旋即在家与人通奸。此情此景,这位早已修炼成"绕指柔"的文坛领袖,以一句"国破君亡,士大夫尚不能全节,乃以不能守身责一女子耶",誓将耻辱进行到底。

反观西楚霸王。即使四面楚歌,自刎乌江,也是以"大呼驰下,汉军皆披靡",来印证他的"天亡我,非用兵之罪也"的"英雄"本色。虞姬更是以"大王意气尽,贱妾何聊生"的拔剑自戕这样悲壮与决绝的方式,展示了她对"英雄"那至死不渝的仰慕与依恋。

一个血气全无、争心尽失的男人,卑躬屈膝不说,连夫人也会以与人通奸的形式把他羞辱到尘埃下。

一个意气风发、壮怀激烈的男人,就是英雄末路,"爱妾"也会以自己殷红的鲜血,去祭奠他为了尊严的最后一战。

道理如此,人性如此,事实更是如此。这就是"抗争"所展现出来的最原始、最直接,也是最扣人心弦的力量。

纵观历史,一个辉煌的盛世,怎么会缺少一个强势之"君"?一段开拓的历史,怎么会缺少一个强悍的民族?而崛起或湮灭,又有哪一次不是以"抗争"的大小作为"开路先锋"?

"明犯强汉者,虽远必诛。"这是在把敌人的头颅砍下,悬挂在他们原来居住的村落,万里示威之后,而回响千年的声音。这也是西汉名将陈汤,在给皇帝的上疏中,奏明的铁一般的事实。

同样的事实还有清廷在罪己诏里的那句"量中华之物力,结与国之欢心"的嘤嘤啜泣。

而你,喜欢哪一句?喜欢哪一种事实?

二

至此,可能有人会说,以上两种事实和状态都不喜欢,喜欢的是"和平共处"和"和谐共生"。

那当然不会有错,且是"永垂不朽"般的正确。可问题是,假如有一天,一伙强盗踹开你的家门,把你的孩子挑到刺刀上"嬉戏玩耍"时,你还会满面春风地请这伙强盗坐下,淡定坦然地跟他们漫谈有关"和平"的问题吗?就算你能做到,你猜那伙强盗会用什么样的方式对待你?总之,你很难活下去这个论断,大概不会有太大的争议吧。

你以为这样就算完了吗?哪有那么便宜的事。他们还会烧了你的房子,抢走你的积蓄,临走再鄙夷地把你连同你的祖宗骂上一通,把你们和猪狗并列,企图让你们永远钉在"病夫"的耻辱柱上。你以为我在编故事吗?当然不是,我说的也是铁一般的事实。所以,真正的和平,是要亮出你的拳头,先把这些强盗彻底打趴下之后,再来谈论的事情。否则,这样的话题,对你来说,太过奢侈。奢侈得让说者蒙羞,听者惭愧。

然而,即便是这样,也可能会有一些"善良"人士,实在不习惯用"抗争"来解决问题。他们会运用他们渊博的知识、聪明的大脑和灵活的技巧,来找到和推行他们所谓"第三条道路"——企图请邻居来说和,以达到化干戈为玉帛的效果。凡是这样的人,一定不会是"白丁"。否则,他们也想不到这样的点子,请不到这样的邻居。而且,一开始他们也一定不会是纯粹的坏人。否则,他们完全可以袖手旁观。因为"殃及池鱼"这事,毕竟需要一个过程,至少他们暂时是安全的。

正因为他们有这样的名望和影响力,所以,他们的言论和主张才更具迷惑性。他们主张的"第三条道路",其实质就是对狼性认识不足。狼本身是要吃肉的,你拿把干草去糊弄它,即使自以为是地在干草上涂满羊油,它也不会吃。你还认为自己聪明吗?

坚持"第三条道路",本身也说明你从一开始就怯懦地放弃了你的"尖牙利爪"。但解除武装的军队,还叫军队吗?那叫战俘。这样做的结果,要么屈辱地失败,要么彻底投向强盗的怀抱,哪里会有第三条出路?

由此，我们要特别清醒地认识到：像那些见了强盗就跪地求生的人，固然可恨，但至少可以让我们一眼明辨出他们的可恨之处。他们怯弱的表现，很可能激发出我们不屈的血性，使我们带着这样的血性去反抗和战斗。相反，那些从内心深处不认为强盗穷凶极恶的人，那些一再鼓吹"冤冤相报何时了"的人，那些人生字典里，从来都没有过"抗争"这两个字眼的人，却更容易使我们从"理性"的高度，自动自发地丧失战斗的意志，顺理成章地沦落为任人宰割的羔羊。

当然，我也非常认同"冤冤相报何时了"的教诲。可问题是，为什么是在你抢了我之后，就劝人停止呢？我自卫反击后，再握手言和行不行？如果你非要说别人也这么想，那冤冤相报真的不知道会何时了。

但没有办法，因为战争一定要用战争的方式去制止。我们需要做的，只是把这种方式运用得恰到好处罢了。这种恰到好处的具体表现就是我们常听到的那句"有理、有利和有节"。而坚持这种表现的基本原则就是"人不犯我，我不犯人；人若犯我，我必犯人"。

三

虽然以上的例子有些极端，但就个人而言，你怎么可能处于一个非竞争状态下的"真空"环境呢？只要有竞争，你又怎么可能绕得开胜负输赢？为了这样的胜负输赢，你又怎么可以放任自己身心的羸弱？

千万不要祭出"共赢"或"多赢"的大旗，来企图掩盖或淡化胜负的概念。因为即便是我们向往和追捧的"共赢"或"多赢"的局面，也是属于"赢"的范畴，也和强者的打拼紧密相连。

不仅如此，而且任何东西你是怎么得来的，很可能还会以相同的方式失去。你是以禅让的方式得到的天下，就很难将它传之子孙。你是以铁戈杀伐问鼎的中原，就基本不用担心有谁能轻易将它"和平演变"，除非祸起萧墙。莫名其妙的差一点例外，就是燕王哙禅让子之。且不说这次禅让，有多少效仿"夏禹明荐伯益，实传夏启"的成分，单从三年后那场血雨腥风中，子之被杀，燕昭王即位，就宣告了这次禅让的彻底失败。

看似的例外，其实也是殊途同归。得之难，失之就难；得之易，失之就易。你要想颠覆这样的规律，首先应该问问自己，凭什么？

所以，你不要抱怨道路的崎岖、登顶的艰难，更不要匍匐膜拜那些所谓"兵不血刃"的胜利。更重要的是，你千万不要把形式各异的所谓"握手言欢"，都一股脑儿地奉上文明进步的神坛。相反，你要牢记，任何的竞技都一定会有胜负的概念。输赢对你来说，很可能就意味着"天翻地覆"。而决胜的撒手锏，怎么能忽略"抗争"这个最直接且有效的手段？

在胜利的基础上，如果愿意，你可以将"抗争"演变得不再那么"面目狰狞"。"引而不发，跃如也。"这种所谓"武力震慑"，其实就是"抗争"演变的一种形式。

像以前镖师走镖时，通常要喊镖那样，亮出嗓门喊出镖局的江湖名号。喊镖很有学问，既要喊出威武气，又要带出友好的意味。目的就是让沿路的"车匪路霸"知难而退，或给个"面子"。否则，你走一趟镖，都是一路打过去，即便是"歼敌一千"，也会"自损八百"。那这镖局的买卖，恐怕早就关张了。

虽然如此，但不能忘却的是，你必须要有"箭在弦上，不得不发"的底线和"肉在喉中，不得不咽"的实力。而实力，正是将你能否把"肉"吞得下去，作为检验的唯一标准。

明白了这样的标准，也就明白了"抗争"的作用，此时才可以试着去了解"抗争"的演变。至此，你才有底气和资格宣称：好勇斗狠，乃至穷兵黩武，从来都不是我们追求的目标。

相反，如何将"抗争"演变得"不战而屈人之兵"？如何将"抗争"演变得"互利共赢"？也就是说，在坚硬的拳头之外，包裹上柔软的拳套，虽然有力，但不至于太过伤人伤己，这才是最明智的选择。

接着，就让我们来聊聊"抗争"的一种演变形式——妥协，这个极富智慧的话题。

妥协

投降,是要求你必须跟得上别人;
而妥协则正好相反,是请你等等别人。
这算不算是它们两者之间的一种区别?

相对于抗争，别人的选择只能是投降。而相对于妥协，别人的选择就可能会变成追随。

投降，无论如何粉饰，总显得不是那么光彩照人。追随，却无时无刻不在散发着心甘情愿的芬芳。它总是显得那么沁人心脾。

有逼着别人跟上的力量，才会有等等别人的能力。切记，如果大家总是对你妥协，那正好说明你掉队已经很远了。那么，你离投降也已经很近了。

懂得了这样的道理，那么，你是等着让别人对你妥协，还是先主动去向别人妥协呢？

妥 协

一

小时候,听到秦始皇千方百计地寻找灵丹妙药,以求长生不老的故事时,总会产生一种遐想。假如这位令"胡人不敢南下而牧马,士不敢弯弓而报怨"的强势之君真的能够"万寿无疆",还会不会有刘邦、刘彻、李世民等这样的强人横空出世?也就是说,假如类似秦皇汉武、唐宗宋祖这样的铁腕人物能够同台"竞技",那将会是怎样的"火星撞地球"的场面?

这种遐想,颇似于"关公战秦琼"的段子。段子虽然荒唐,但出现这样的段子是不是多少也能反映出,人们实在想知道关公、秦琼究竟孰高孰低?我自己在很长的一段时间里,都绝不认为"气吞万里如虎"的他们,会有任何妥协的一面。

事实果真如此吗?当然不是。而且,和我们常人相比,他们似乎更多地表现出妥协的一面。

"将相和"是廉颇和蔺相如为了国家大局而做出的妥协;"掘地见母"是郑庄公为亲情而做出的妥协;"六尺巷"是桐城官宦张、吴两家为邻里和睦做出的妥协。即便秦始皇本人,也是13岁即王位,到22岁才亲政。在9年的时间里,光"干爹"就有两位,而且一位还是名义上的宦官。正是这位"宦官",在法制森严的秦国,爵封长信侯。由此可见,羽翼未丰的秦王嬴政,当时妥协到了什么地步。看看日后,他将一位"干爹"碎尸万段、诛灭九族,将另一位"干爹"羞辱到饮鸩自杀,你就知道他当时的妥协有多么不情愿。

妥协,顾名思义,一定有让步的成分。所谓让步,一定是违背自己的意愿或利益,至少是目前的意愿或当时的利益。所以,妥协本身包括不情愿。

"人在屋檐下,不得不低头"式的妥协,就像"你无法改变世界,就要去适应这个世界"一样。不情愿又能怎样?

像那个"至今思项羽,不肯过江东"的"英雄"项羽,不向"四面楚歌"的形势妥协,就只有用自己如山般倒下的身躯,去成就那"生当作人杰,死亦为鬼雄"的佳句了。所以,"留得青山在,不怕没柴烧"这句话,才是对这一类妥协的最好写照。

然而,项羽还是幸运的。虽然壮志未酬、中道崩殂,但还是成就了他"人杰"和"鬼雄"的美名。这是什么原因呢?就是因为他不仅不肯低下自己的头,还不肯弯下自己的腰。宁死也不言败的心理和行为,虽然鲁莽和偏执,倒也光明磊落。

我虽然认同他这种"无颜见江东父老"的所谓担当,但从来不赞成他这种一败涂地,再也爬不起来的脆弱。他没有领悟到妥协的真谛。

俗话说"退一步海阔天空,忍一时风平浪静"。如果你的退让和忍耐,换来的不是风平浪静,而是惊涛骇浪;不是海阔天空,而是变本加厉。那你怎么理解这种退让和忍耐呢?它和妥协又有什么关系呢?

而这,正是我们要定义的妥协。退让和忍耐只是妥协的表现形式。妥协的核心,却是要通过这样的形式,达到你预期的目标。当然,这个目标可以是你预期的最低目标,也就是你的底线。否则,你的退让和忍耐,没有任何意义。

而且,这样的退让和忍耐,也不属于妥协的范畴。准确地讲,那是纯粹的屈膝投降。这就是同样兵败被擒,"关羽降操"被视为忠义的象征,而"于禁投降关羽"却遭到世人唾骂的根本原因。就是因为关羽有"土山约三事"。他保留了自己的底线,并最终得到实现,那就叫妥协。而于禁贪生怕死,就是真真正正的投降。

二

每一个人都需要成长。而成长,其实就是一个不断学习、积累和修正自己的过程。在这个过程中,你怎么可能一直正确?而你的每一次"头撞南墙",都在向你发出此路不通的警示。就像疼痛是对身体健康状况的预警一样,没有几个人会选择不去治疗。那么,你的每一次修正,就是一次妥协。而你的每一次妥协,都让你朝着正确的方向坚实地迈进。

面对这种妥协,你特别要警惕,刚愎自用和浅尝辄止这两个极端。克服它们,你最需要明白的是,不能一而再、再而三地去犯同一个错误。

为了避免错误,或者不至于错得无法收拾,你不妨在非原则性,或不那么紧急的问题上,从容一点、淡定一点、温和一点。给别人,也给自己留下一点改正错误的时间和空间。因为人非圣贤,孰能无过。而且,相当一部分的正确或错误,是会"时过境迁"的。就像"棍棒底下出孝子"那样,以不同的标准和角度来评判,它就不是绝对的正确。而这样的妥协,不仅反映着你的博大,更呈现出你的智慧,宽广且深邃。

还有,你也可能没有任何错误,因为你阅历尚浅,能力不足;或万事俱备,只欠东风。你只是需要用妥协来换取时间,等待你的羽翼丰满或机会降临。就像康熙之于鳌拜、徐阶之于严嵩、刘备之于曹操和司马懿之于曹爽那样。

这种妥协,最关键的是"戏"要演得到位。

就像当年的刘备。卸下鞍马去种菜,勤勉操持得如曹操那般精明的人物也几乎相信,他就是沦落得如此胸无大志。就像当年的司马懿。装病装得奄奄一息,除了几个心腹,几乎全都认为他即将不久于人世。也像当年的徐阶。历时十几年的"妥协"表演,亲手将严嵩扳倒之后,身陷囹圄的严嵩还发出"大概只有徐阶不会害我"的喃喃自语。

不仅如此,这样的妥协有时候只需要你"无所事事",静观事态的发展。

树要渐渐地绿,鹅要慢慢地肥。你要用向时间妥协的方式,去等待一个你策划好的最佳时机。就像《曹刿论战》中说的"一鼓作气,再而衰,三而竭"那样。你要做的,就是整装待发,等敌军的三通鼓罢,再开始排山倒海般冲杀。只不过,你要在时机到来时,用全力以赴来换取胜利,去检验你先前的妥协。以此来说明这一切都是正确的,也都是值得的。

还有,当你犹豫不决的时候,千万不要恨自己怎么会如此优柔寡断。即便是"生子当如孙仲谋"的孙权,在赤壁之战前期,也是开完"大会"开"小会",开完"小会"再找人"私下谈话",六神无主得如热锅上的蚂蚁。因为个人的能力和拥有的信息毕竟都有限。在紧要的关头,优柔寡断在所难免。但荀子的"假舆马者,非利足也,而致千里;假舟楫者,非能水也,而绝江河。君子生非异也,善假于物也",早就给出了解决这个问题的答案。

你要做的,就是抛开个人成见,放弃眼前利益,向集体妥协,向长远和全局利益妥协,集合众人之力,高屋建瓴地分析利弊、决策实施。面对这种类型的妥协,要注意的是克服贪婪与恐惧,要做到的是有理、有礼和有节。

妥协,还有一种应用和表现形式,就是非武力,或以武力为后盾的所谓和平谈判。这种情况下,最终妥协的往往是所谓"道义"缺失的一方。像"完璧归赵"里的秦昭王,像欲以"五百里之地易安陵"的秦始皇。就是因为名为谈判,实为巧取豪夺,"理亏"的他们,无一例外都以失败告终。尽管他们军威赫赫、实力充盈,"胳膊"比对手的"腰"都粗,但谈判有谈判的规矩,那就是"道义"为先,"讲理"为主。也就是说,你要遵守既定的规则。如果你要蛮横,大可不必和平谈判,没有人阻止你去发动战争。只不过,那就是另外一个话题了。

所以,你要进行这样的和平谈判,就要以"道义"和"规则"为标准,去衡量双方能够妥协的尺度,从而为自己争取尽可能多的利益。在这种场合下,如果你要胡搅蛮缠,吃亏的只有你自己。

三

因为年幼,我们可能向年长妥协;因为无知,我们可能向渊博妥协;因为失败,我们可能向成功妥协;因为贫穷,我们可能向富有妥协;因为目标,我们可能向这个目标之外的所有东西妥协。

这一切,不为别的,只为成长的需要,只为梦想中的那个目标。如果你实在"不愿"或"不为"任何阶段和任何形式的妥协,那最大的可能,你要么"天纵英才",要么"中道崩殂"。而这里的"天纵英才",可不仅仅是指你在某一方面或某几个方面的"生而知之",而是智商、情商、背景、人脉、权势和威望等的综合体。你怎么可能与生俱来?所以,可以想见一个登到山顶的登山者,他经历了多少前行和迂回。而迂回,却是在多少次前行未果的情况下,采取的最恰当的办法。

谁能说迂回不是在坚定地前行?谁能说迂回不是妥协的一种重要形式?而

且,你还需要明白的是,这样的迂回,比单纯的前行要复杂和艰辛得多。前行需要的是勇气和坚持。而迂回,不仅是在前行,而且要明白为什么可以这样前行,为什么不可以那样前行,最终需要以什么样的方式前行。

不可否认的是在这样一次次前行受挫,一次次妥协迂回的过程中,一部分人迷茫、凌乱了。无知、困苦、绝境、无奈,或许还伴随着欺凌,掺杂着不公平。所有的这些,可能使你被压抑得歇斯底里,可能被打击得一蹶不振,也有可能变得心机深沉,暗暗积蓄着"邪恶"的力量,伺机释放或燃烧。所以,我们要特别关注,那些经历了太多艰难困苦,并将妥协的技巧运用得驾轻就熟的人。因为他们很可能不是有大智慧,就是有大邪恶。

像当年的晋王杨广,温良恭顺、朴素节俭到"令人发指"的程度。可结果呢? 登上皇位的他,却是变本加厉的骄奢淫逸。还有易牙、竖刁和开方三人。为了讨好齐桓公,一个烹饪了自己的儿子,一个阉割了自己的身体,一个放弃了千乘之封。

还是管仲的见解一针见血。人情之深莫过爱子,人情之重莫过于身,千乘之封,人之最大欲望。而他们之所以能够舍子、舍身、弃千乘,是因为他们所期望得到的,远远大过他们舍弃的这些。事实也确实应验了管仲的判断。那个强大的齐国,因其三人而祸起萧墙、宫廷大乱。就连齐桓公本人,也是皮肉腐臭,蛆虫满身而不得善终。

我们在日常生活中,也能看到类似这样的影子。对于那些八面玲珑、嘴甜似蜜,那些殷勤备至、高调逢迎,甚至都谄媚得丧失人格尊严,做作得令人头皮发麻的人,你怎么看?

怎么看待这样的人,很大程度上,直接决定着你拥有怎样的智慧和将会得到怎样的结局。

鉴于磨难、困苦及妥协的两面性,我情愿看到一个平凡,甚至是平庸的人生,也实在不愿意看到形形色色的人性扭曲。

从这个意义上讲。如果有可能,有条件,我们还是要尽可能地去营造宽松、公平和顺畅的环境,不要过早学会逢迎和迁就。在我们没有能力把握妥协的智慧之前,起码让我们保持一颗赤子之心。

我们自己,可以为老人"折枝",那是因为礼貌;可以尊敬师长,那是因为他们的学识；可以不发表自己的观点，那是因为我们还没有考虑成熟；可以接受别人的指挥，那是因为我们的能力还不足以指挥别人。还可以设身处地为别人着想，那是为了更好地达成共识；甚至可以去坦然接受别人的指责和挑剔，那是因为我们做得还不够完美，至少，我们没有强大到"不怒自威"地平息这样的指责和挑剔。

我们可以保持忍耐、退让，可以以迂回的方式去诠释妥协。我们要做的，正是把这样的妥协演绎成智慧，并发扬光大。让它和"抗争"水乳交融、相得益彰。所以，我们可以低下自己的头。但同时，我们不会再弯下自己的腰，更不会泯灭了自己那颗高贵的心。

这其实就是我们妥协的底线。超越了这个底线，那不好意思，相约"华山论剑"吧。就算你能"伏尸百万、流血漂橹"，我也要拼得个"血溅五步、天下缟素"。

因此，采取什么方式，要根据实际情况，作出自己的判断，因为来自四面八方的观点各异，就像"小马过河"的寓言里，有的说水浅，有的说湍急。他们错了吗？从他们的视角和立场来说，当然没有错。那他们正确吗？从你想得到的那个答案来说，他们当然不正确。

诚然，别人没有责任和义务，告诉你想要的真正适合你的答案。而且，别人也没有精力与能力告诉你这样的答案。他们大多只是从自己的视角和立场出发，去发表他们认为正确的言论。而你，如何从这些林林总总的观点和言论中，做到取其精华、弃其偏颇，而为我所用？

所以，对于任何一种言论，不要首先纠结于它的对错，而是要先分辨出它的视角，继而判断出它的立场。

接着，我们就来聊聊视角和立场。

六 视角局限下,如何调整航向

视角

视角就是局限。
而没有视角,就形成不了观察。
这也正好证明了所有的观察都存在着一定的局限性。

胆小的人很可能心细。博学的人很可能不专。就像一件器物，如果刚硬有余，可能就会柔韧不足。

自然也好，天性也罢。人、事、物，总要有他们的生长环境和历练过程，特殊的视角和个体的感悟，也要有属于他们自己的情有独钟或深恶痛绝。

而这，是不是就是百花齐放、百家争鸣的沃土和根基呢？而这，是不是也正好在提醒着我们，不要总是那么自以为是，妄自尊大，狗眼看人低呢？

当然，如果能够集胆大包天与心细如发于一身，那是再好不过了。但是，千万不要忘记，具备这样的素质，要变换多少视角，经受多少历练呀！

视 角

一

"横看成岭侧成峰,远近高低各不同。"苏东坡这句形容庐山的诗词,同时也在说明着,虽然是同一个事物,但由于你观察的视角不同,呈现给你的景象也会千差万别。

就像"盲人摸象"的故事中所讲的那样,每一个人描述的只是一个事物的局部。也像数千年来,"性善"与"性恶"的争辩那样,双方阐述的重点,只是人性中"主观"和"客观"的不同方面而已。所以,我们的所思、所讲,怎么能够摆脱自己的立场和视角?我们看待这个世界,又怎么可能不戴着"有色眼镜"?

在此基础上,我们提出的解决问题的措施和方法,怎么能不具有个性色彩?怎么能不存在这样或那样的偏差,甚至是错误?

没有真正的热爱,缺少独特的视角,一味地面面俱到,带来的只会是更加空泛乏味和苍白无力。更重要的是,没有"直接碰到的、既定的、从过去继承下来"的这些条件,你到哪里去寻找你发现的根源、创造的灵魂?

缺少这样的根源和灵魂,靠着逢迎和招摇,就算你的言论能够无限接近所谓"高、大、全",又怎么可能发人深省,怎么可能流传千古?

我们应该都知道,孔、孟、老、庄的学说各有利弊。但那又能如何?丝毫不影响他们著述的震古烁今和万古流芳。

我们也能如某些文艺评论者那样,将别人的作品剖析得头头是道。但那又能怎样?丝毫不能说明我们在文艺创作方面,和我们评论的那些原创者有任何的可比之处。原因就在于,对那些原创者来说,他们无一例外都有着相对稳定的立场和切实而独特的视角,并在此基础上,精深地阐发着他们心灵深处坚信的声音。所以,"面面俱到"从来都不是评判任何一种思想优劣和成熟与否的标准,适用和深邃才是。而观点和言论如果不是基于特定的立场和视角,那无疑就是无源之水、无本之木。这个立场和视角如果不具有相对的稳定性,那混乱甚至矛盾的言论一定会使你无所适从。

如果是这样,那你的言行不一也就在情理和预料之中了。

二

当然,你可以转变自己的立场。那是在你拥有更加丰富的阅历、学识和思考之后,丰富到足以使你冲破出身和环境的樊笼,丰富到足以使你清醒而又理智地找到自己内心深处坚信的声音。而且,这种声音可以使你身心愉悦,可以使你勇往直前。

你也可以变换自己的视角。那最好是在你跋涉和攀登到拥有这个视角的位子之后。当然,你要有站在别人的角度去思考问题的能力,那是再好不过了。但不可否认的是,这样的能力,一定是在你无数次"实地"观察和总结的积累之后才能具备的。像我们经常强调的"历练",就是这个意思。它不仅仅是单纯地去经历风雨,而是要在并且只能在这样的过程中,才能切实做到多视角地观察事物、多层次地积累经验。

所谓"此一时,彼一时"的说法,就是对这种立场,尤其是视角转换的最好诠释。你可以转换立场和视角,但一定是在时空和个人境遇由"此"及"彼"之后。这里说的立场,虽然来自客观的影响,但毕竟带着主观的成分。而这里说的视角,虽然是主观去认识和反映,但描述的毕竟是客观的事实,至少是有限的事实。所以,与其盲目地揣测和空泛地讨论所谓立场,不如从看待事物的视角入手,来得清晰而又明了。

这就自然衍生出一个如何决策的问题了。决策,顾名思义,就是从众多的意见和建议中,选取出尽可能正确的那一个去实施,以便尽快达到目的。你在博采众长的决策过程中,尤其是在需要听取不同意见,以丰富自己的分析和比较时,能够收集到来自不同视角的观察,这是一件幸运的事情。

而且,就算我们的经历再丰富,也不可能走过所有的路,蹚过所有的河。我们的视角一定会存在盲点。多听听、看看、想想别人视角下的观点,难道会有什么坏处吗?

再说,从视角出发去考量别人的观点和言论,怎么会分辨不出这些意见和建议的偏颇与局限?怎么会搞不清楚它们是表达真实意图还是隐瞒遮掩?明白了这些,还用处心积虑地去揣测和臆想别人的立场吗?

尽管我们知道,我们的经历和观察有限。尽管我们知道,在决策之前,我们确实可以容得下各种不同的声音。但你千万不要忘记,任何决策或计划,都不可能做到滴水不露,都不可能照顾到所有的立场和观点。"战斗"打响,只能有一种立场,一个前进的方向,至少是原则性的立场,求胜的方向,并坚信这种立场和方向,如果有人不信或掣肘,那对不起,他从一开始就被强制出局了。

但同样不能忘记,你要对你做出的决策负全部的责任。"战斗"打响,你可以使持不同声音的人出局。但如果你决策失误,"战斗"过后,你还不去及时总结改正,那你同样出局。

就像袁绍在"官渡之战"前,把反对他出兵的谋士田丰下狱。但"官渡之战"后,历史的天空已不再闪烁袁绍这颗"星"。反观刘邦。在进攻匈奴时,他和袁绍一模一样,也是把反对他出兵的刘敬羁押在广武。不同的是,战斗失利后,袁绍恼羞成怒地杀了田丰;刘邦却特赦了刘敬,并当面认错。

三

受此启发。我们在成长的过程中,面对形色各异的人或事,是不是可以尽量少用自己的好恶,去武断地定性别人的立场或臆想事态的发展;是不是可以多从视角这样的实际出发,去分析和学习别人的观点和方法究竟是从哪里来的。别人的观点,对于我们又有哪些可以借鉴的意义?我想,这也许才是"我不同意你说的每一个字,但我誓死捍卫你说话的权利"的本质意义。

由此,我们也能认识到,表达观点是一件相对容易的事情。那就是在你所处的视角上,说出你看到或想到的你认为的真相。如果有条件和能力,你还可以把你认为的真相,总结升华成一种理论,一种普遍的规律。这里,没有绝对的正确或错误。它只是在你视角的基础上,给你看到的事物,一个你认为正确的解释。从这个意义上说,你这样的解释,一定是正确的。因为它是你看到并解释的,你看到的和你解释的是合二为一的。只要这样的解释不是口是心非,不是另有所图,它就一定会在某个特定的视角下,反映某个特定的真相,从而在我们探索未知世界的道路上,留下浓墨重彩的一笔。所以,相对来说,你可以放纵自己的言论,也可以固守自己的观点。

而实践,也就是具体的做事,却比单纯地表达观点要复杂和艰巨得多。它不仅仅是需要站在一个视角上观察事物,还需要站在全局上去通盘考虑。而且,它不仅仅需要强化自己和大家的意志,更需要把握事物的规律,拿捏轻重缓急的分寸。更重要的是,实践是一定要有人对它的结果负责的。

这就是愤世嫉俗和励精图治的根本区别。前者是旁观,后者是担当;前者是呼吁,后者是责任。前者最多如孔子那样,周游列国,明知不可而为之。大不了,也可以像老子那样,西出函谷,与老林山泉为伴。而后者,却一定要像商鞅那样,铁肩担当,用生命去谱写壮丽。至少,也要像苏秦那样,拼尽满腔热血,试图去挽住"六国"那一抹殷红的夕阳,使它吐露出最后的峥嵘。

所以,单纯地指手画脚,一味地抨击评论,在这里没有多少实际的意义。相反,能够提出方案和思路,才是可贵的。但更难能可贵的是,从不同的视角提出各种不同的方案和思路。而最为可贵的是,从众多的方案中恰当地选取一种,或综合提炼出一种,并成功地实施。

由此,我们也能看到,一个真正优秀的决策者,怎么可能刚愎自用?怎么可能独断专行?至少他们不会在一开始就刚愎自用,不会习惯性的独断专行。至于在"鼎定中原"之后,如果他们改变初衷,那一定说明他们狂奔在自我覆灭的道路上。这也就是我们平常看到的,越是身居高位,越是责任重大的人,越是不轻易否定任何人的观点,越是显得大度的根本原因。

当然,必须承认的是,他们同样也不会轻易从内心深处去肯定任何人的观点和方案,而是博采众长。也就是习惯从不同的视角去看待和分析问题,找到切实的措施和办法,并在这种不同的视角下,形成他们相对稳定的立场。这正是他们在前行的过程中,需要具备的一项重要素质。

既然说到了视角,也知道了视角的局限性。同时也认识到,从不同的视角可以反映不同的真相。而所有这些不同的真相,都在为我们相对完整的认识某个事物提供着帮助。

那么,接下来,我们就将从某个特定的视角去谈谈有关崇拜这一话题,看看对我们会有哪些启示。

崇 拜

多些敬重,少点崇拜;
多些敬畏之心,少点谄媚和祈求。

崇拜，在我的认识中，一直被解释为尊崇和跪拜。不仅意识形态上要尊敬、推崇，而且在举止行为上要去匍匐跪拜。

如果我这样的认识没有错的话，那就自然得出了我对崇拜的看法。那就是：在人生中的绝大多数的时间里，最好不要有这样的想法和行为。当然，这里谈的不是宗教。

显而易见，人生的路还是要靠自己走，所有的感悟还是要由自己去总结和体会。崇拜在别人的脚下，怎么活出自己的精彩？

敬重则不同。敬重能够使你多些敬畏之心，少些迷失之惑。而这，正是我们人生远行的过程中必不可少的"装备"。

崇 拜

一

我们崇拜过山，臆想过有"山神"。《水浒传》里就有一章叫"林教头风雪山神庙"，可见"山神"的概念，在当时已有广泛的群众基础。

我们崇拜过水，臆想过有"河伯"。西门豹治水的故事中，就有过对"河伯娶亲"的生动描述。可见"河伯"的概念，也是早已流传甚广。

我们还崇拜过风、火、雷、电等自然现象，并拟人化地把它们一一封神，像风神飞廉、水神共工、火神祝融、雷电神烈缺那样。

但是，在对众多自然现象的崇拜中，你见没见过对空气的崇拜？在所谓诸神之中，你听没听说过空气之神？当然，这里说的空气指的是我们一呼一吸之间，维持生命循环的自然之气。也就是说，普通意义上的空气与上述的"风"及"风神"有着根本的区别。难道是空气对于我们不重要吗？

诚然，我们离不开阳光、雨露，也离不开山水、火电。但我们最离不开的当然首推空气，而且是须臾不能离开。然而就是这么重要的大自然的一员，我们为什么却找不到对它，所谓崇拜的印迹呢？

就像"天命玄鸟，降而生商"那样。为什么燕子会成为商人先祖的象征，而不是那些实实在在存在的先祖？为什么"舜母见大虹，感而生舜"？为什么"禹母见流星贯昴，梦接意感，即吞神珠而生禹"？

如果说，像伏羲、女娲、神农、炎黄二帝及尧、舜、禹这类传说中的人物，是他们的母亲和神龙、鸟兽、彩虹、闪电结合的产物，还不算太过，因为即使他们本人都可能只是个传说。在他们的出身问题上，多点演绎的色彩又有什么大惊小怪的。

从对"山川"式的"自然崇拜",到对"玄鸟"式的"图腾崇拜",再到对"灵异"式的"生殖崇拜",一路走来,我们似乎忽略了对我们最重要的空气的膜拜。我们似乎忽略了对我们先祖的膜拜。甚至,父系先祖,或母系先祖都可以出于特定的目的而假手他人。

这难道仅仅归结于我们在远古时代的无知和迷茫吗?这难道仅仅是我们古人独有的思想和举动吗?

空气,无所不在,无时不有。正常情况下,有谁感觉到它的存在?又有谁担心它的骤然失去?就算是溺水而亡,通常也被称为"淹死"。有谁会去在意真正的死因是窒息而亡呢?

就像父母对儿孙后辈,有谁不是倾情付出?又有几个人会担心父母加害自己?太阳还有昼夜,月亮还有圆缺,岁月还分四季,水火更是无情。除了空气,除了父母,还有什么,还有谁,会对我们这样全方位、无死角,源源不断,不计报酬,无私忘我地给予和呵护?还有什么,还有谁,会让我们对这样的给予和呵护受之坦然且信心十足?这恰恰成为我们忘却对他们崇拜的根本原因。而畏惧,也恰恰成为我们去崇拜的重要因素。

至此,没有畏惧就没有崇拜,大概是我们能够接受的结论。当然,只有伤害,没有给予,肯定也不会出现任何形式的崇拜。所以,所谓崇拜,一定是以畏惧或以幻化的畏惧为前提,带着功利的目的,包含着祈求的成分。

就像韩愈在《题木居士》诗中描述的"偶然题作木居士,便有无穷求福人"那样,他用这两句生动刻画了人们给那一段"枯木朽枝"赋予了幻化的畏惧,并对之求福的荒唐心态和举动。

只不过这种目的和这种成分,随着人群和境遇的不同,有的是表现在寻求心理的慰藉上,有的是表现在乐享家庭的安康上,还有的是表现在追求事业的成功上。区别也仅仅在于迷恋的角度和程度不同罢了。而要达到以上这样的目的,对于个人来说,总是显得太过遥远和艰难。于是,就不得不祈求那"阴晴不定"的所谓"崇拜物",祈求它能够朝着有利于自己的方向发展。这种祈求,就像孔子说的"非其鬼而祭之,谄也"那样。很容易就滑向谄媚的深渊。甚至,这种祈求,本身就是谄媚。而人一旦谄媚,哪里还会有人格尊严,哪里还会有独立精神,哪里还会有挺直的脊梁？

而所有这些,也许就是崇拜最原始的根源和表现吧！

二

所以,从某种意义上,对我们个人而言,无私的付出,怎么可能换来同样无私的回报？不计成本的给予,怎么可能换来不计成本的收获？除非你有空气般的富有和父母般的伟大。除非你的付出和给予,压根就没打算有任何的回报和收获。

就像丁谓在《丁晋公谈录》里记述的赵匡胤与赵普的那段对话一样。宋太祖赵匡胤实在找不出他的好兄弟、老部下石守信和王审琦日后会造反的任何理由。因为他认为："这二人受国家如此重用和恩惠,难道会有负于我？"

来听听宰相赵普是怎么点醒他这个梦中人的。赵普言简意赅的一句"世宗何负于陛下",就使他如醍醐灌顶般醒悟过来。

是呀！周世宗柴荣亲手将你赵匡胤简拔为禁军统帅,临死还将孤儿寡母托付给你。可你不是也很快就忘记了这泼天的恩惠,短短不到一年的时间,就强夺了人家柴家的江山吗？

所以,在古代,那些帝王、权臣其实早已谙熟这样的道理,从来不幻想着仅仅通过所谓恩惠,就能够换来别人的报答。相反,他们惯用"恩威并重"的手段,自始至终把"雷霆雨露"的权力牢牢地控制在自己的手中。而且,"恩""威"缺一不可。因为没有"恩",何来爱戴？没有爱戴,谈何追随？没有"威",何来畏惧？缺少畏惧,谈何制约？

战国初年的"田氏代齐",就是田成子公权私用,代行赏赐,换取民心,才能够杀掉齐简公,致使姜姓齐国绝祀。还是晏子的眼光独到,他早就预言,田氏虽无大德,但一定会篡夺姜齐政权。其依据就是这种赏赐的权力旁落于田氏。有了这种赏赐之权,一定会出现"有德于民,民爱之"的直接结果。

又如"戴氏代宋"中的司城子罕,曾对宋国国君说："赏赐,是人们喜欢的,由君主你去做。惩罚,是人们憎恶的,这事就由我代你去做好了。"就这样,掌握了刑罚大权的子罕,得到大臣的攀附和百姓的畏惧。不到一年时间,他就杀了宋国国君,改朝换代了。

难怪老子指出:"鱼不可脱于渊,国之利器不可以示人。"也难怪韩非子写道,田常只是行施了封赏,子罕只是操纵了刑罚,就一个"代齐",一个"代宋"。那同时失去赏、罚权力的君主而不灭亡的,真是闻所未闻呀!

所以,你最好不要把所谓"感恩",当作天经地义的行为模式,去不遗余力地兜售。因为即便你搬出诸如"乌鸦反哺""羊羔跪乳"的故事,把听众在现场忽悠得泪眼婆娑或痛彻心扉,又拿什么去保证"当利润达到100%的时候,他们不敢践踏人间的一切法律;当利润达到300%的时候,他们不敢冒绞刑的危险"。你又怎么能够保证在你面前正襟危坐、道貌岸然的人们,在感恩方面,就一定强过乌鸦、羊羔这样的禽兽?再说,就是你自己。在忠孝不能两全的时候,你是选择"忠",还是选择"孝"?

千万不要用大局的概念,来占领所谓"道义"的制高点。你不是张居正,更不是曾国藩,很多时候,根本不需要你去"抛头颅,洒热血"。从这个意义上讲,最离不开你的,只有你的家人。你最需要感恩和报答的,也是他们。

而且,越是口头强调感恩的人,越有可能本身就不是一个真正懂得感恩的人。他宣扬的感恩,很可能只是要别人感他的恩,对他的些许付出感恩戴德。而他,可能早就在这样的喧嚣中,忘却了自己原本也是需要去感恩的。

当然,你要能把对上司、领导的那份谄媚,以及崇拜而又带着祈求的目光和态度分一些给自己的父母;分一些给一直供养你,却从来不会舍弃你,看似毫无用处的空气,那是再好不过了。

如果是这样,你离高贵已经不远了。至少,你的肉体将不会再鄙视你的灵魂了。因为你已经开始意识到,娘就是娘,而不是有奶才是娘这样纯粹而又简单的道理。

而如果使人们不再铤而走险、心存侥幸、患得患失、心生抱怨,从而在公平、富足的环境中,自尊、自信地生活,自主、自由地创造。那你就具备了让别人崇拜你的资格,不过,这里最好是敬重和爱戴。

三

但是，如果你顽固得非要配享"崇拜"的尊荣，那你一定要使人畏惧。因为没有人害怕你，怎么会有人崇拜你？在畏惧的前提下，你可以稍稍给人一点好处。因为从你这里没有丝毫的便宜可占，同样也不会有人去崇拜你。在畏惧和好处之间，你还要切记，在任何时候、任何情况下，使人畏惧都要比给人好处重要得多。也就是说，你宁可不给别人好处，也一定要使人害怕你。因为制约总比放任，更能体现个人的权威和意志。而凸显自己的权威和意志，正是你走向"被崇拜"这个神坛的必由之路。

如果你用尽所有的手段，还不能使人害怕，那你就离灭亡不远了。

像商末的纣王，用尽骇人听闻的诸如"虿盆之刑""炮烙之刑"之后，还有"微子去之，箕子为之奴，比干谏而死"这般毫无畏惧的前赴后继。那你就真的彻底失败了。

还是那位纣王，把西伯昌囚禁七年，都没有使其"悔改"。或者说，都没有令其子孙感到"无地自容"。相反，在伐纣的征途中，他的儿子周武王，还高调装上已经号称文王的，死去的西伯昌的木制偶像，用以"招摇过市"。这种"不以为耻，反以为荣"的思想和举止，恰恰在说明着商纣的必然灭亡。因为无论从任何方面，他都已经不能使人感到丝毫的畏惧或耻辱了。

如果你坚定地踏上这样一条"被崇拜"之路，那你怎么可能还会与人推心置腹、倾诉衷肠？至少你不会经常这样，或不会对大多数人这样。因为你必须时刻提醒自己，"远之则怨，近之则不逊"几乎是所有人的嘴脸。

你怎么可能还会对人全情付出、无悔无怨？当然除了对你自己。因为"恩大仇深，欲壑难平"的观念，早已深入了你的心脉，所以你怎么可能去做这样明显的赔本买卖？

你怎么可能还会再去因势利导、顺势而为？因为正经做事的理念早已被你抛到了九霄云外，威仪和神秘才是你关注的焦点。

你怎么可能不对上司的无端指责，从里到外表现得心悦诚服？你怎么可能不对你的下属颐指气使，极尽傲慢之能事？你怎么可能不对强大的邪恶势力低头，不对无辜的弱小者落井下石？你怎么可能还会有悲悯和慈爱？你怎么可能还会有热血和激情？

因为"崇拜"，我们会渐渐多了奴性，慢慢失去自我。因为"被崇拜"，他们会渐渐转向权谋，慢慢变得暴戾。是非不分、黑白颠倒，一切只因"崇拜"和"被崇拜"。所以，我们需要的是敬重，甚至是爱戴，而不需要"崇拜"和"被崇拜"。

其实，早就有智者对我们讲清楚了这一切。那就是"辩证法不崇拜任何东西，按其本质来说，它是批判的和革命的"。如果你不能很好地理解这句话的意思。那么，还有一位智者对这句话做出了解释。那就是"在辩证法面前，不存在任何最终的、绝对的、神圣的东西，一切事物都是暂时的"。

是呀！仔细想想，没有造神，没有封圣，谁会对大自然中，原本和我们一样的，这一个一个暂时的过程顶礼膜拜、畏惧祈求呢？

至此，你是不是一直有一个疑问没有解开？那就是为什么自古至今，从来没有出现过对空气的崇拜，或没有表现出应有的感激？直到出现了雾霾，直到威胁了我们的健康，直到它使我们感到了畏惧。

难道真的是因为我们对类似这样无私的给予熟视无睹？难道真的是因为我们根本不懂得什么叫真正的感恩？难道我们真的就是自私自利、人性恶劣吗？即便真的是这样，那还有没有改变的可能？要怎么样才能得到改变呢？

下面，我们就以"气数"为题来聊聊。

气数

气数,是某种事物生命周期的标志。

看似是一个自然而客观的概念,实则要主宰它,怎么能够离开主观的因素和条件呢?

有一种看似自然而然的趋势，它由盛转衰，渐趋消亡，我们通常会称它为"气数将尽"或"气数已尽"。

如果说这样的称谓是为了寄托我们的留恋、掩饰我们的失落，那倒也情有可原。

但如果是以此去文过饰非，去打肿脸充胖子，甚至去推卸责任、转移矛盾，那就不可原谅，甚至不可饶恕了。

因为"天作孽犹可恕，自作孽不可活"。也因为如果任何你主导的事情，出乎你的意料，到了"气数已尽"的地步，那无论如何，你都负有不可推卸的责任。

气 数

一

小时候,常陪外婆一块儿看戏。戏的名字和内容大都已经淡忘了,唯独对一出戏的开场念白,至今还记忆犹新。

那句"大清气数尽,光绪命归阴"的念白,之所以让我记忆深刻,是因为当时的我实在搞不明白"气数"是个什么东西,也不清楚大清的气数和光绪的生死又有哪些必然的联系。

后来,我依稀知道气数是人或事物存在的期限,类似于我们常说的运势或命运。但对于影响它形成的因素、是否可以转化的条件以及如何消亡的原因等,还是不得而知。

就在我懵懂地唠叨着这句押韵的念白时,各种对气数的解释也纷至沓来,也开启了对我有关气数方面的形形色色的"启蒙教育"。

据说,今天的秦淮河,就是当年秦始皇下令凿通的。他的目的就是要对旧时的南京来个"凿通龙脉,以泄王气",从而确保他的帝都和子孙能够独享那份"王者气运"。从"凤鸣岐山"开始,一直到后来的十几朝古都,昔日的长安,似乎早已成为"王者气运"的代名词。

所有的这些,难道真的是特定的地理位置,就能汇聚所谓"龙脉王气"吗?那么,西周为什么凋落了?大秦为什么覆灭了?西汉呢?隋唐呢?为什么都没有在此"云蒸霞蔚"之地,成就他们的"千秋万代"呢?

如果你非要说,他们换个地方,王朝的寿命可能会更短,那也不是没有道理和可能。而这样的道理,其实很可能就蕴藏在张良说服刘邦定都关中的建议里。

张良当时的理由是"夫关中左殽函,右陇蜀,沃野千里,南有巴蜀之饶,北有胡苑之利,阻三面而守,独以一面东制诸侯。诸侯安定,河渭漕挽天下,西给京师;诸侯有变,顺流而下,足以委输"。

长安被张良认定为"金城千里、天府之国",理由再清楚不过了。那就是"富饶、有利,易守、能攻"。哪里提到了半句的王者气象?除非你认为他说的本来就是王者气象。

正如后来被刘邦封侯的娄敬所说,无论是周室"以德致人,不欲险阻"般的定都洛阳,还是西汉出于"拊背扼吭"的考虑而定都长安,无非是依据当时的形势,极力占尽地缘优势,便利自己的生存和发展而已。

面对古人的这份务实,那些动辄就"观阴阳、看风水"的所谓现代人,不知作何感想?

我们的古人以如此务实且审慎的态度,来选择他们的政治、经济中心,以保证他们的国运昌隆。可见,当时所处的环境和形势应该是影响气数的一个重要因素。除此之外,我们看历史上,从少康、武丁中兴,到昭宣、光武中兴,直至元和、弘治中兴,哪一个不是在王道衰落、气数将尽之时,励精图治、力挽狂澜,而中途复兴的呢?由此可见,人为的因素是可以改变这种所谓气数的走向的。

而且,你千万不要认定导致气数将尽的,只会是像秦二世胡亥、晋惠帝司马衷或蜀汉后主刘禅那样的无德无才之辈。雄才大略如汉武帝刘彻、英明神武如唐明皇李隆基又怎么样?一个晚年在《轮台罪己诏》里亲口承认致使"天下愁苦",一个晚年更是凄惨,差点丢了锦绣江山。

这样的原因,其实也很简单。如果你少了如临深渊、如履薄冰的敬畏和审慎,多了唯我独尊、飞扬跋扈般的浮躁和狂悖;如果你不思进取、竭泽而渔;如果你不再体恤民情,甚至任人唯亲;如果你不再以事实为依据,漠视大势所趋……那么,无论你是谁,曾经有多么辉煌,"气数将尽"的事实,一定会从你开始。

二

类似于"走西口""闯关东"和"下南洋"这样的人口迁徙,无非是为了寻找到那个谋生求存的环境而已。虽然千辛万苦,悲壮卓绝,但正如"彼等之才能与劳力,造就今日之马来半岛"那样,他们通过环境的改变,改变了自己的命运,延续了属于他们的"气数"。

然而,地域性的贫瘠,难道是人们背井离乡的唯一理由吗?类似于种种"苛政猛于虎"的现实,难道不是他们选择流飘万里的重要原因吗?在"穷家难舍"的观念深入人心的情况下,为了生存,还有这样大规模的不得不进行的迁徙,难道不是他们那个时代气数将尽的显著表现吗?难道非要等到他们迁无可迁,徙无可徙的时候,才能宣告那个时代的"寿终正寝"吗?

当一个时代的气数与生活在这个时代的民众的气数不相符合,甚至是相悖的时候;当依靠纯粹的勤劳还不能吃饱穿暖成为普遍现象的时候;当"祖宗成法"被踩踊得面目全非,又对目前的现状莫衷一是的时候;当是非不分、黑白颠倒,穷凶极恶、飞扬跋扈成为这个时代最显著的标签的时候……像明末,像清末,随便回望一下历史,当所有这些成为事实,呈现在你面前的时候,毋庸置疑,那个时代一定气数将尽。而你需要做的,是沉沦,抗争,还是逃离?不管你怎么做,都将直接决定着你的气数的长短和荣辱。

而同样能够改变命运、延续气数的,还有所谓英雄式人物的横空出世。像于谦,像曾国藩,像王翦替代李信攻楚,像李斯在吕不韦之后拜相。他们有的力挽狂澜,有的锦上添花,但无一例外,都成为延续他们那个时代的中流砥柱。而那个时代,也正是因为有了他们而更加精彩纷呈。

然而,同样应该看到,于谦能够力挽大明王朝于将倾,王翦能够替代李信而反败为胜、大破楚军。那么,为什么赵括取代廉颇、赵葱取代李牧,反而加速了他们王朝的灭亡呢?也就是说,究竟什么样的人或人才,才能够起到中流砥柱的作用呢?

对此,还是曾国藩的幕僚赵烈文说得透彻。他不看重人的精明。因为他认为,精明,势必多了些世故与圆滑,少了些对根本与长远的执着和坚持。像这种没有原则、缺乏厚重的人,去做一些需要随机应变的事情尚可,怎么能够担当历史性的重任呢?他也不看重人的勤政威断。因为他认为,权势日隆,便会受到蒙蔽;仓促决断,则只会流于表面,而忽视了事物的根本原因和实施的实际效果。

对于勤政，他更是认为人们往往会陷入"小事以迅速见长，大事往往以草率而致误"的怪圈。他认为这样的人，在和平年代处理一些事务性工作尚可，怎么能够担负起力挽狂澜的重任呢？

精明强干、果决勤勉，本来是多么难能可贵的素质和态度呀！然而，对于挽救一个气数将尽的时代来说，却显得那么力不从心。从这个意义上讲，沦落到气数将尽的地步，是多么可悲与可怜！而挽救它，又将要付出多么大的代价！

千里长堤，溃于蚁穴。气数也就是在一个一个看似微不足道的"蚁穴"的侵蚀下，慢慢消耗殆尽的。而这样逐渐侵蚀的气候和趋势一经形成，非强力而无以回天。此时，需要的不是修修补补，而是非"大变"不可。策划、掌握和参与这种变革的人物，怎么能够不具备宏大的格局、高远的理想、坚定的意志以及卓绝的才思？怎么能够不是厚积薄发？怎么能够不是众志成城？

他们，才是时代呼唤和需要的中流砥柱。

三

相对于气数这样的话题，民众如此，时代亦如此。那么，所有这些，对于我们个人来说，又有哪些启示呢？

我们一直在强调地缘，试图说明环境对一个人的影响作用。"孟母三迁"和李斯著名的"厕鼠理论"，都在佐证着环境对于我们的重要性。

不过，你千万不要妄想鸡窝里能飞出金凤凰，灰姑娘总能遇到帅王子这样的传奇。如果有，那也是别人的故事。而你需要做的是从"鸡窝"挪到"鸭窝"，再到"天鹅窝"。用自己的努力和在不同环境中的融合与蜕变，一步一步去实现自己的"天鹅梦"。在这个过程中，需要注意的是，每一次环境的改变，都是你能力、资格和身份的改变。而且，这种改变要来得名副其实且堂堂正正。否则，它不仅会成为缩短你气数的重要因素，更会给属于你的气数烙上抹不去的耻辱的印迹。而且，这种耻辱会与你相伴终生。所以，如果有可能，你一定要试图改变自己的环境，拓展自己生存和发展的空间。

因为更大、更高的平台，一定会有利于你更快、更好的成长。因为这样的环境及环境中的人们,一定会逼着你克服懒惰、拖沓、守旧和得过且过等阻碍你成长的习惯,迫使你变得更加优秀。

在这一点上,你千万不要有任何的畏难或自卑的情绪。不管这样的平台有多高、有多大,你都要坚信,只要你是凭自己脚踏实地的努力而进入的某个环境,就至少说明你是当之无愧的。你需要做的,只是在这样的平台上,汲取能量、放热发光。你需要期待的,是更高的平台,以更大的能量,去放热发光。

当然,这样的环境和平台,与奢华、舒适以及城乡等这样的要素没有任何的关系。而且,类似这样的要素,也不应该成为你选择环境和平台的依据。相反,和你理念契合的、方向一致的、兴趣共鸣等的因素,才是你在选择环境和平台时,一定要参考的依据。环境,就是这样潜移默化地影响着你的生存和发展,决定着属于你的气数。

然而,环境毕竟只是一个外在的客观因素。真正决定你气数的,还是自己的主观努力,而且是依据环境变化所做出的努力。当然,这里说的绝不是随波逐流,更不是兴风作浪。而这,正是我们除强调"地缘"之外,更多地强调"人缘"的根本原因。

在这一点上,我们不能忽略一个看似荒唐的事实。那就是,无论如何,我们每一个人都很难心悦诚服地承认自己的不堪。我们不止一次提到商纣王,即使他已经昏庸残暴到"酒池肉林"和"剖腹挖心"的程度,还是在国破家亡时,可笑地喃喃自语:"不是说好的天命在商吗?"

纣王如此,我们又何尝不是这样!

当我们正襟危坐在庄严的议事堂,搜肠刮肚地斟酌和发表着那些左右逢源而又言之无物的空凿言论时,我们何曾有过一丝的不安和羞愧?

当我们以自己的"聪明才智",把所有的责任推得一干二净的时候,我们何尝不是在暗自庆幸着自己的聪明和机灵?

当我们把别人的些许失误,渲染和放大到无以复加的地步而四处散播时,我们何曾觉得自己不够磊落和厚道?

当我们把别人给予的恩惠视为理所当然的时候,把别人的忠厚视为软弱可欺的时候,我们何曾觉得这有什么不对?

当我们用敷衍取代踏实，却总能得到好评的时候；当我们靠攀附取代正直，却总能步步高升的时候，我们何曾反思这究竟是哪里出了问题……

哪一个王朝会欣喜若狂地结束自己的气数？哪一个人会心甘情愿地走向堕落？如果有，那真的不在我们讨论的范畴之内。

那么，那些亡国之君，有几个能够承认自己的昏庸无能？那些龌龊小人，有几个能够认清自己的无耻嘴脸？

出现这种现象的原因当然很多，像极端利己、好逸恶劳、得过且过，甚至风气使然等。但我情愿认为，出现这种现象，是因为他们自己根本就没有搞清对错。混乱的是非标准，使他们越来越偏离正确的轨道而不自知。因为只有这样，他们才有理由得到宽恕，才有方法得到救治。而救赎，是"上帝"都不回避的所谓"大爱"。

为此，我们每一个人，在"实在"搞不清楚光荣和耻辱、磊落与龌龊的区别的时候，最好的办法，就是在你"义正词严"地教训别人，或"义愤填膺"地评论别人的时候；在你通过自己的努力，鲤鱼跃龙门的时候；或在你历尽繁华，跌落万丈深渊的时候，用笔在纸上记下自己此时的是非标准，并和你以后的言行一一对照。如果你智力正常，你就一定会清醒地认识自我。

这样做的道理很简单，不经过几次冰火两重天般的"淬火"，你怎么可能"百炼成钢"？在这里，需要注意的是不要"好了疮疤忘了疼"。要认识到自己成长、成熟、衰落和灭亡的轨迹，认识到影响这条轨迹形成的因素、转化的条件以及消亡的原因等，从而理性地把握自己的命运、掌握自己的气数。当然，能够这样做的前提是你还有未来。

在本文中，曾提到过能够起到中流砥柱作用的英雄人物，一定要具备的一个素质，那就是宏大的格局。

那么，什么是格局？如何去认识格局呢？接下来，我们就聊聊格局这个话题。

七 打开格局，需要技术性的手段和方法

格 局

委屈可以撑大格局,委屈同样也可以撑死人。
要那么大的格局干什么,到什么山上唱什么歌不是挺好的吗?

有人说:"格局是用委屈撑大的。"我不否认这样的观点,但更想强调,委屈同样可以撑死人。

大格局是要付出大代价的。有时这样的代价是自己付出的,但更多的时候是让别人付出的。用别人的付出去成就自己的格局,有什么值得推崇的呢?

再说,家里储存粮食,用一个米缸就足够了,无论如何也不需要弄个粮仓回来。我们普通人,要那么大格局干什么,用来贮存委屈吗?

当然,你要志存高远,就得匹配相应的格局。但切记,格局也不是越大越好。

格　局

一

"莫言马上得天下,自古英雄皆晓诗。"

这句话,其中有一个意思,就是说诗歌这种文体,以其特有的形式,最能坦露作者的眼光、胸襟、抱负、胆识和风范。而这些,正是我们下面要谈到的格局。

在这里,让我们拿同时代、同体裁、同风格的两首诗作比较,来直观感受一下格局的概念。一首是刘邦的《大风歌》,另一首是项羽的《垓下歌》。

志得意满的张狂和英雄迟暮的悲凉,可能是我们大多数人,平生最不愿意看到和最不忍心看到的两种人生状态。然而,越是矛盾的焦点,越是能呈现事物的本质。这里,我们抛却其他的因素,单就格局的角度来讨论这两首诗。

刘邦的《大风歌》写的是"大风起兮云飞扬,威加海内兮归故乡,安得猛士兮守四方"。简单直译成白话:大风刮起来了,搅动得云彩飞扬,威仪加于五湖四海之时,我回到了故乡。然而此时,我想到的是,到哪里去招募良将猛士来捍卫我的江山社稷?

我们来看,刘邦心中的风,首先是大风。这样的大风从地上刮起,一直刮到天上,搅动得云彩飞扬。天上地下,从纵向看完全在刘邦的格局范围之内。那么从横向看呢?一句威仪加于五湖四海,这明显是古人的地域概念。那分明就是九州万方。简单的两句起兴,纵横涵盖整个天地。这象征的是什么样的胸襟和抱负!这又是什么样的格局!

然而,天上地下、九州万方般的博大,未免有点给人空中楼阁的感觉,未免有些落人以仰望星空,而不能脚踏实地的话柄。但刘邦不是这样。他在浓墨重彩、酣畅淋漓地泼洒了他的王者风范、帝王胸襟之后,一句归故乡,将一切都拉回到现实。

不仅如此,刘邦还站在故乡的土地上,发出了"那些良将猛士呀,你们在哪里"的呼唤,进一步回归到完全属于他的现实。为了自己的江山社稷,这位历经血雨腥风的开国之君,非常清楚那些良将猛士才是他"大风起兮"和"威加海内"的保障和底气。千古绝唱《大风歌》,就是这样直抒胸臆,表现出刘邦那气贯长虹、纵横天下的胸襟和气魄,同时又不失实现理想的现实基础。

再来看一下项羽的《垓下歌》:"力拔山兮气盖世,时不利兮骓不逝。骓不逝兮可奈何,虞兮虞兮奈若何!"也简单直译成白话:我力可拔山,举世无双。但命运不济,落得如此结局。跟我转战南北的乌骓马啊,你怎么办?我心爱的虞姬啊,何处是你的归宿?

项羽的这首诗,单从诗本身看,不乏荡气回肠、英雄本色。但从气势和风范上来审视,通过一句"力拔山兮气盖世",我们完全能够想象,拔山的是一个比山还高的巨人。如果他伟岸得足以耸入云端,那他眼中的山就会成为"泥丸",他也不屑用拔山来形容他的气盖世了。这样的比喻,虽然豪气,但与刘邦的格局比起来,就相形见绌了。

而同样的,项羽毕竟是征战南北的豪杰,绝不是一个空谈者。所以,他的诗也是落在现实的点上,但是落在乌骓和虞姬的身上,相对于刘邦落在江山社稷上,虽然多了几分人情味,但对于一代帝王而言,这样的胸怀和视角显然是不够的。

二

有一则传说,在这里恰好能解释这个问题。朱元璋开国后,一天驾临马苑,刚好一阵轻风拂过马尾,朱元璋随口吟出一句"风吹马尾千条线"。当时的皇太孙朱允炆对的是"雨打羊毛一片毡",而四子朱棣对的却是"日照龙鳞万点金"。听到境界、格局天差地别的两个对子,朱元璋内心作何感想呢?

这里,绝对无意一味颂扬胜利者,嘲讽失败者。只是,我们要清醒地认识到,要想有所作为,你的目标一定要和你的格局相匹配。

就像项羽。对妻子来说,他可能会是一个好丈夫;对于坐骑来说,他可能会是一个好主人；对后人来说，他可能会是一个大英雄。但相对于烽火连天、逐鹿天下的王者之争来说，仅仅有"力拔山兮气盖世"的格局，怜惜坐骑和爱妃的境界显然是远远不够的。因为这样的格局，不足以涵盖你整个目标。这样的境界，不足以涵盖你所有的视野。

还有朱允炆，作为普通人，他的柔弱和不甚出众可能会让他成为一个好儿子、好邻居、好同事，甚至是一个好上司。但他注定不可能过普通人的生活。

你没能做到脱口而出那些表征"真龙天子"的词汇和语句所体现的样子，那么，我们有什么理由推断出你对"真龙天子"这样的目标，充满着无限的渴望、无尽的思索和不懈的努力呢？而缺少了这些，你又如何形成和这样的目标相得益彰的格局呢？

当然，我们还要认识到，上面的例子都是在血浴的辉煌、世俗的伟大当中极端选取出来的。但唯其如此，才能直面格局的本质。

"文王食子灭纣""曹操舍子纳绣"。类似这样的格局需要多大的坚忍和牺牲，还要有多大的志向和目标才能撑得起来呀！难道是"无毒不丈夫"吗？我情愿相信"无情未必真豪杰"。而事实很可能就是如我所愿。所以，对我们个人来说，先不要盲目自责，恣意跟风所谓大格局。因为大格局是一定要付出大代价的。

"舍不得孩子，套不住狼"这事，本来就没有多少人能下此决心，更不要说屡见不鲜的"赔了夫人又折兵"的事实了。所以，应该停下来，想一想。你的格局是否能够与你的目标匹配？你的目标是否在你身心的承受范围之内？

这也就是我们前文中提到的，好高骛远本没有错。如果有错，那也是你的眼光、胸襟、胆识和风范等形成的所谓格局，没有跟得上这种高远，你暂时还驾驭不了这样的目标，或者，在别人看来还驾驭不了。

如果是这样，你首先就要去重新审视你的格局，包括眼光、胸襟、胆识和风范等这样的要素。

三

先说眼光，你要想比别人的眼光长远且独到，就必须比别人走更多的弯路、撞更多的南墙。不断地犯错、再犯错，在这样的试错中，你才能知道哪条路能够通向远方，哪个地方会此路不通。在这点上，就像爱迪生为了找到合适的灯丝，试验过一千多种材料一样，没有任何的捷径和窍门。你一定要坚信，如果谁比你有眼光，那他一定比你更沧桑。

眼光是用时间和精力，在实践的过程中打磨而成的。单纯的书本知识起到的仅仅是像"不愤不启，不悱不发"这样的启发性作用，而真正把握它还是要置身其中。要不然为什么"船沉鼠逃"讲船沉时最先知道的是船上的耗子。原因就是它们离水最近，也就是说，它们处于"战场的最前沿"。

这也就是为什么"将在外，君命有所不受"，因为恰当的决策一定要产生在离厮杀声最近的地方。

因为眼光不是任何人的专利，它只属于屡败屡战的战士，它只属于坚忍不拔的"行者"。

而且，眼光一定要以胆识和担当为基础。就像曹操评价袁绍"色厉胆薄"那样。因其"色厉"，所以"好谋"；因其"胆薄"，所以"无断"。也就是说，没有以胆识和担当为基础的任何所谓远见卓识，最后都会沦为"做大事而惜身，见小利而忘命"般荒谬的行动指南。像袁绍，从策划董卓进京，一直到兵败病死，这个从来就没有被曹操瞧得上眼的纨绔子弟，正是没有胆识和担当的典型代表。他的目光短浅也就顺理成章了。

所以，眼光的本质是取舍，判断哪些可为，哪些不可为。而胆识和担当的作用是承载，是负重，是打造自己这艘航船的"吃水深度"，并依此为标志，满载希望，去开启那别样的负重远航。眼光和担当的完美匹配，才能彰显出属于你自己的气派和风范。

再说胸襟。一个胸怀宽广、海纳百川的人，是不是特别能包容，甚至迁就你，是不是时时处处都能让你感到如沐春风、如饮醇酒？但就在你意乱情迷于这种宽广和博大的同时，你有没有感觉到，这样的人其实可能根本就不怎么在乎你，或者干脆就是在暂时迷惑和利用你。

前者像韩信当年从那个无赖的胯下钻过时，他的心可能早已飞到了"远方"，哪有空闲去和眼前的这个小丑纠缠。说什么"胯下之辱"，那只不过是韩信为

"赶时间"采用的最快的办法而已。日后,衣锦还乡的韩信还赏了这个无赖一个小官。那也只是韩信为博得美名而采用的手段而已。

前后方法的差异,只源于目标的不同。相同的却是对这个小丑始终如一的视若无睹。因为爱之深,才能责之切。

后者如刘邦给韩信封王。这段公案讲的是,在韩信灭齐后,向刘邦列出了很多至今都争论不休的堂皇理由,目的只有一个,就是要求封王。为了不至于太露骨,他只"委婉"要求封个名义上的"假王"。此时,焦头烂额的刘邦,却展现出了让我们顶礼膜拜的博大胸襟,说什么大丈夫本应该顶天立地,做什么假王,要做就做真王。岂不知,刘邦早已恨得牙根直痒。之所以表现得那么宽宏和博大,只不过是形势所迫,暂时迷惑和利用韩信罢了。类似这种博大的胸襟,可能会对你贻害更大,韩信之死就是明证。

还有,周瑜对程普的"雅量高致"怎么不用在刘备和诸葛亮的身上?蔺相如对廉颇的宽容礼让,怎么换成秦王就变成了"怒发上冲冠"?

很明显,胸襟,有时候只不过是对应自己的目标而匹配的一个方法而已;只不过是为己方的利益而采取的一种手段罢了。只不过它是成本最低的方法和效果最好的手段。在他们宽广的外表之下,隐藏着心无旁骛的执着、动心忍性的磨砺,激情与冷漠共生,大爱与残酷相融。所有的这些,都需要你身心的承受并自如的运用。

如果你的格局与你的目标匹配,你的目标又恰好在你身心的承受范围之内,那么,你就可以在你的理想和抱负的框架之下,依据现实去确定一个目标,用眼光去取舍具体的道路,用担当去承载这样的负重远行,用胸襟去包容这个过程中的艰难困苦,用风范去彰显追求目标的一往无前。

随着这个目标的实现,你的格局相应得到扩大和延展。用你这个更大的格局,去确定下一个目标并努力实现。如此循环,用更大的成就去诠释更大的格局,用更大的格局去佐证更大的成就。至此,你可能会认识到,格局及其形成的诸要素,能够在实践中得以磨砺并形成。

但即便如此,像眼光、胆识等这样的素质,甚至像体力、柔韧性、协调性这样的身体状况,对于不同的人来说,一定会有差别。那么,我们应该以什么样的态度,去看待这样的差别呢?这样的态度对人对己又有什么样的作用呢?

接下来,我们就聊聊宽容这个话题。

宽容

宽容不是原谅,而是体谅;不是纵容,而是包容。

宽容不仅仅是对别人的态度,更应该是对自己的态度。

原谅是做错事后不予计较或不予惩罚的态度和行为。那么，既然做错事，为什么可以无动于衷呢？这难道不是纵容吗？

纵容，明显就是"捧杀"的一种手段，又有什么值得推崇的地方呢？

体谅则不同。体谅是能挑十斤，就不会骤然给别人或自己压上一百斤的重担。它其实就是包容，包容体质的差异、能力的高低、阶段的不同、成长的过程。

体谅基础上的包容，就是我们说的宽容。对别人宽容，给别人留出努力的时间和成长的空间，难道会不给自己这样的时间和空间吗？难道会认为自己就是"生而知之"的"超人"吗？

认为不应该宽容自己的人，那他可能根本不懂什么是宽容，他表现给别人的也不会是宽容，只会是漠视。

宽　容

一

第一次真正领悟宽容的含义，是在一个滑雪场看几个孩子初学滑雪。在那几个孩子中，有的非常活跃，一次次摔倒，一次次爬起来，虽然累得气喘吁吁，摔得呲牙咧嘴，但一刻也没有停止过练习。也就不到10分钟的时间吧，他们已经不用借助手杖，就能在初级道上滑行了。而另外几个孩子，在摔倒几次之后，就有些怯怯地站在一边，休息的时间明显多过练习的时间。直到半小时过后，他们才敢站上初级道。

就在我以努力和懒惰为标准去评价这些孩子，表达我的好恶时，和我一块儿去的一位朋友表示不同意我的观点。他认为，那些孩子之所以有我们看到的努力和懒惰的区别，最关键的，不是取决于他们的意愿，而是他们的身体素质。

在接下来的交谈中，我的这位朋友的观点彻底征服了我。

是呀！滑雪对于孩子们来说，很少有不喜欢的，尤其是这些进入滑雪场的孩子，谁不想学会滑雪呢？但滑雪是一项极费体力的活动，没有相应体力的支撑，频繁的休息也应该在情理之中。而且，超越自己身体素质的努力，反而会对身体造成不必要的伤害。同这样的伤害相比，学会滑雪又算得了什么呢？毕竟他们不是在进行专业训练，最后都初步掌握了滑雪的要领，只不过是所用的时间稍有不同罢了。

也正是从那次滑雪之后，我开始意识到，"严于律己，宽以待人"不仅仅是一种道德的修养，也不仅仅是一种表面的态度，更应该是一种深邃的智慧，是在这种智慧指导下形成的一门可操作的技术。那就是，在充分"知己"的基础上，对自己要求严格一点；在没有完全"知人"的基础上，对别人表现得宽容一点。

至于如何严格，对什么严格，严格到什么地步，如何宽容，对什么宽容，宽容到什么程度，却是一个相当有技术含量的活儿。

为此，我就在想，是什么让我把自己看待任何事物的着眼点，自始至终都仅仅放在诸如是否努力，是否勤奋，是否道德等这些主观能动性上，而对保障和支撑它们的客观因素和条件视而不见呢？

是因为在小学时，一次肚子疼，我强忍着没有请假而得到了老师的表扬吗？是因为在初中时，一次校运会的八百米决赛上，我们班的一位同学意外摔倒擦伤后，又坚持跑完全程而得到英雄般的欢呼和赞美吗？是因为我们不能持续专注于某一项技能的学习或某一项工作的开展时，往往被家长、老师或领导单纯地定性为不够努力吗？

肚子疼但坚持一下，固然可以多背一段书。摔倒擦伤但坚持下来，或许能够夺得那个冠军。可问题是，如果我当时不仅仅是胃部痉挛，而是急性肠胃炎；如果我的那个同学，当时不仅仅是擦伤，还有扭伤。那么，我多背的那一段书，他夺得的那个冠军，和以后的身体健康相比，又算得了什么呢？

对于超负荷持续的学习和工作，我们似乎很少去考虑，适当的娱乐或注意力的转换是否更能提高效率。我们似乎很少去关注，努力是否需要由很多条件来保障，而不是纯粹取决于自己的意志。

这里，当然没有否定像《羊皮卷》之类的书中讲的自励自发的重要性和必要性。想说的只是，我们中有很大一部分人，很可能就是在这种极端强调"主观能动性"的氛围中慢慢长大的。

如果任何事情的表现和成败，都只归结于类似努力与否这样的原因的话，那宽容将从何谈起？而缺少宽容的世界，不仅仅是多了刻薄与责难，它将更多地表现出各种偏见，而偏见比无知更可怕！

二

如果没有纪律的约束，缺乏必要的保障，从体能到道德，从生理到心理，一味地强调如何发挥自己的主观能动性。这样的言论,对我们来说,是何其的熟悉呀!因为我们已经听了几千年了。

从周王朝的"修德",到孔子的"克己",再至朱熹那个登峰造极的"存天理、灭人欲"。可结果呢?不是连孔子自己都说,他没有见过"好德者如好色者"吗?

就像我们看到面对偷盗、抢劫这样的行为,很少有人去制止的消息后,首先想到的就是人情冷漠、道德沦丧。而很少有人会注意到,这很可能仅仅是"旁观者效应"的一种表现,即"责任扩散现象"。也就是,当有其他旁观者在场时,人们对某事进行干预的责任感会相应减弱,而它不仅仅是一个纯粹的道德问题。正如我们生病或受伤,就应该去及时就诊,在医生专业意见的指导下,进行治疗、康复或活动一样。为什么要带病学习和工作呢?"带病"的车,你敢开吗?"带病"的飞机,你敢坐吗?在类似这样的问题上,我们需要承诺的只是在风险可控的情况下,切实做到全力以赴。

追溯这种无限强调主观能动性的根源,无外乎资源的匮乏,匮乏到只有所谓"人力"资源。无外乎各种技术和手段的落后,落后到无法帮助我们正确判断我们的自身条件和外部环境。

还有一个更为重要的原因,就是我们那挥之不去的成败之心。心存成败,怎么可能不把主观能动性无限放大,怎么可能不去要求自己超越一切客观条件的限制,怎么可能不把自己想象成无所不能的钢铁战士而刀枪不入?而这,合理吗?正常吗?可能吗?

由此,我们是否能够看到,单一的观点和思路,即使有其合理的成分,即使具备启迪人心的力量,但仅仅用此去衡量五彩缤纷的世界和形形色色的人们,是不是有点以偏概全?是不是有点力不从心呢?

这正是我们学习和做到宽容的基础。

也就是,千万不要拿自己的标准去衡量别人,因为别人采用什么样的方式生活,真的只是别人的事情。也千万不要用单一的标准去对待多样的事物,因为成长绝不是由单一的因素决定的。更不要以自己所谓"小人之心"去揣度别人的"君子之腹",动辄怀疑别人的动机,斥责别人的想法,干扰别人的行为。只有具备这样的基础,才算是取得了能够去做到宽容的资格。

三

那么,对于我们个人来说,认识、理解和宽容,意义何在呢?

那就是,在你全力以赴,还不能达到预期目标的时候,你不会受到焦虑、烦躁等这些负面情绪的影响,不会盲目自卑,更不会轻易地放弃自己和自己的目标。你会冷静、平和、理性地去重新审视自己,实事求是地找到自己真正的短板,并有针对性地加强和改善。就在你一一完善自身短板的同时,你离那个预期的目标也就越来越近了。

当然,有些所谓短板实在解决不了,就像达成某一个目标的一些条件实在无法具备。那么,放弃这样的目标也不失为一种明智之举。因为对于这一个目标来说的短板,换成另一个目标,很有可能就会成为长处。也就是说,对自己的严格程度要根据自己原本和提高后的身心条件来定,而不是一味地无视和超越这样的条件。

就像我们在前面提到的那些学滑雪的孩子,他们的"懒惰",根源就在于他们的身体素质暂时还适应不了这样的运动。而要想参与这样的运动,只要加强锻炼,提高身体素质就可以了。大可不必气急败坏,大可不必自惭形秽。再说,即便是因为体弱,实在进行不了滑雪这项运动,那其他运动方式还有很多,找个适合自己的又有什么大不了呢?

适合自己的一定是最好的。因为能够和你的能力、体力配合得天衣无缝的,怎么可能不是你的兴趣所在呢?而建立在真正兴趣之上的目标,又怎么可能仅仅用世俗的成败去衡量它的实现与否呢?

你喜欢音乐,是沉醉于那种美妙的律动;你喜欢画画,是痴迷于那种形状和色彩的表达;你喜欢写作,是源于对文字及组合文字的情有独钟;你喜欢机械,是源于那种精密的转动能给你带来无与伦比的愉悦……

在这种力求洞悉事物本质的兴趣之上,你会自然而然地通过或音乐、或图画、或文字、或机械等特有的方式,去表达你的思想,去宣泄你的喜怒哀乐。就像喜欢音乐或文字,你总会在情绪的带动下,忍不住去弹上一曲或写点什么一样。而为了精准地表达和传递这样的思想或情绪,你会去钻研那些有关音乐、美术、文学或机械方面的技能。而且,你十分清楚,越深入、全面、透彻地掌握这样的技能,越能恰当准确地表达你的思想和情绪。

长此以往,你的技能就会越来越娴熟,你的表达就会越来越准确。当这样的技能积淀和磨炼成一种艺术的时候,用这样的艺术形式表达出的思想,凝聚成的作品怎么会不独特、不通透?

当你在某一个领域游刃有余的时候,你还会发现,原本用音乐来表达的这个世界,其实也可以用文字来表达。尽管你对文字的技能,可能没有掌握得那么炉火纯青,但一脉相通的艺术形式,能够帮助你做到融会贯通。这样涌现出来的人物怎么可能不是这个时代的大师?而这些,与取得音乐家、画家、文学家和工程师等这样的称号又有多大关系呢?因为它们原本就是水到渠成的事情。

我们有时候实在是太过在意这样或那样的称号了。例如我们很多人小时候都曾想过,长大后要当科学家。而很少有人会说,长大后要去搞清楚苹果为什么会落到地下,而不是飞到天上之类的话。我们有时候实在是太过注重所谓成功,甚至只求成功这样的形式或者名词。似乎衡量一个画家的标志,就是看他的作品能炒到多高价,而很少去关注自己是否真正喜欢这幅画。而我们喜欢这幅画,除了价钱,是不是又实在找不出来别的原因呢?

如此的标准,如此的苛刻,如此的浮躁,如此的氛围,怎么能够指望有人去"十年磨一剑"创作出传世的经典呢?怎么能够指望有人去把兴趣慢慢打磨成精湛的技能,把技能慢慢升华成艺术,用艺术去表现独特的思想,用思想去传递真正的能量,从而去成就一代大师的传奇呢?

正像我对那些学习滑雪的孩子,以"懒惰"为理由,去苛刻地指责那样。我们的偏见和狭隘,很可能会使他们过早地陷入盲目自卑的泥潭,而根本无法找到和培养起自己的兴趣。

而缺少了宽容,偏见和狭隘的指责怎么可能不是冠冕堂皇?怎么可能不是理直气壮?当这种偏见和狭隘蔚然成风的时候,我们又能凭借什么去冲破这样的樊笼呢?

如果是这样,压抑和沉沦的又何止是我们的兴趣、技能、艺术、思想和理想呢?

隔三岔五

要想做到真正的宽容,又怎么可能少了担待呢?那我们应该如何认识和看待担待呢?接下来,就让我们来聊聊有关信任的话题。

信任

担待的保障是信任,信任的基础是爱,爱是把"双刃剑"。所以,信任是有限度的,担待一定要有规范的约束。

"金窝、银窝，不如自己的狗窝。"

家之所以被普遍认为是"温暖的港湾"，是因为我们每一个人在自己的家里，都相对无拘无束。而之所以会这样轻松惬意，是因为我们的家人对我们的言行举止有超出外人的担待。

之所以有这样的担待，是因为家人之间有爱。有爱就会生出信任，信任让他们放心，知道你的言行举止不会对他们造成任何的伤害。

然而，事实上，往往伤害自己最深的，是自己最亲近的人。为什么？就是因为没有了规矩。

由此可见，信任怎么可能少了规范的约束？

信 任

一

如果说宽容对应的是体谅和被体谅,多表现在道义和精神层面,那么,担待对应的就应该是信任和被信任。而且,它多是深入操作的层面,具有更加实际的意义。

担待有很多种表现形式:像能够率性直言,敢于执意而为,不需要遮遮掩掩,更不用提心吊胆;像能够勇挑重担,敢于临机决断,不需要推诿扯皮,更不用提防冷箭。

因为他们知道,只要有担待在,可以流泪,可以流血,就是不会留下嘲讽和屈辱;可以失利,可以重来,就是不会招致猜忌和打压,不会伤心到一拍而散,不会委屈到各奔东西。

因为他们明白,即便是怒火中烧、拍案而起,恶语相向、拳脚相加,只要有担待在,就不会演变成笑里藏刀,更不会发展为斩草除根。

"将在外,君命有所不受"就是担待最典型的呈现形式。

军队,国之基石;将军,国之干城。将军统兵在外,可以想象,那将牵动着多大的干系、担负着多大的使命,一切怎么可能不在中枢机关的掌控之中?然而,战争态势风云变幻,战场形势更是瞬息万变,非深入一线的人员而不能完全把握,随机应变就显得尤为重要。作为最高决策层,想掌控,事实上又不能完全掌控;不放心,事实上又不得不放心。这就形成了重大事件中的重大矛盾。对此,我们常见的有这样两种解决方案:一种是不断换将,直到换上他们认为满意的为止,而这个满意的标准就是这位将领恰好和他们的想法一致。像赵孝成王用赵括代替廉颇；赵幽缪王用赵葱代替李牧。众所周知，这爷孙俩像商量好的一样，这两次换将如出一辙，不把赵国玩完决不罢手。有时候，我真的恍惚地以为，这两个嬴姓国君是不是秦国安插在赵国的奸细，来秘密执行颠覆赵国的潜伏计划？

玩笑归玩笑。但他们俩就算是卧底，也不用做得这么明显、这么高调吧！两次灭国大战，连方法、步骤和细节都几乎一模一样。难道他们在"卧底培训班"就学会这一种方法吗？还是这种方法能够"无往而不胜"呢？我想，那一定是后者吧？

这种解决方案，还有一个加强版本，那就是不断换将，换无可换的时候，他们就会"别出心裁"地派上一个或几个所谓"监军"，用来监督统兵的将领。而这个监军的选派标准，既不需要老成谋国，也不需要百战沙场。唯一的要求是必须与决策者的私人关系比较亲近。所以，对于当时那些"生于深宫之中，长于妇人之手"的最高决策者来说，太监就成了这个监军的重要人选。事实上，明朝的许多皇帝就是这么做的。大军出征，太监随行，还凌驾于将领之上，可以对战事指手画脚。如此荒唐、如此儿戏，焉能不败？难怪明英宗朱祁镇会沦为阶下囚，受尽羞辱。

而另一种解决方案，就是坚持"用人不疑，疑人不用"的原则，选贤任能、量才适用，看准了就大胆起用、坚决授权。

在军队、战争这样维系国之命脉的大事上，如果能做到"将在外，君命有所不受"，那对于想干事、能干事的人来说，都是幸运的。

对于上司来说，这要包含多重的托付、多大的担待，分明就是在告诉部下："大胆去干吧，有事我兜着。"对于部下来说，这需要多重的担当、多大的信任，分明就是在告诉上司："放心吧，有事我顶着。"

担待、信任如此，还会有假公济私、中饱私囊吗？还会有推诿扯皮、邀功献媚吗？如果有，那就是另一个需要讨论的话题。

说到这里，自然想到了三国时的东吴。从孙策到孙权；从任用周瑜、鲁肃、吕蒙，到陆逊；从"赤壁之战""白衣渡江"到"夷陵之战"；从"外事问周瑜，内事问张昭"到"国门以内，孤做主。国门以外，将军制之"。东吴这几代君臣，相互信任、彼此担待,联合演绎了"将在外,君命有所不受"的真旨实意,联手打造了一个强盛富庶的东吴。

就这件事情的本身来看,凡采用"将在外,君命有所不受"者,结果很少有失败的。反之,很少有胜利的。讨论这个成败的原因,首先就要比较这两种不同的方法。

二

这两种方法,其实质无外乎要达到相互信任、担待、通力合作的目的,来促使某一项或几项事情的圆满完成。只不过,一种是建立在怀疑的基础上,不断地去想办法、加人手,企图通过这种相互监督和制约的方式,来达到"精诚团结"和"励精图治"的目的。所以,机构越来越臃肿、队伍越来越庞大。就算你不像前面提到的赵王丹和赵王迁那般昏庸,别人也不像赵括和赵葱那般无能,但你怎么去保证这么多指手画脚的人,在这么多程序和环节中,不会相互掣肘、扯皮?

就像一味通过加高堤坝来防止洪水泛滥那样,它从来都不是一个好办法。更不要说设置机构的目的不是高效运转,而是相互防范;增加人手的标准不是德才兼备,而是私交笃厚。

远的不说,仅以古代的用人任事为例,就颇具这样的特点。"巡抚",单从字面就能看出是"巡行天下,抚军按民"的意思。"巡"字更突出了"巡抚"本是一个动态的概念,原本只是一个临时官职。简单地说,就是朝廷对下面的官员不放心,时不时地抽调朝廷大员到地方监督巡查,过后再回来。久而久之,朝廷干脆就把巡查的人员派驻到地方,让其做起了地方长官。就这样,"巡抚"成了主政一省的官职。渐渐地,这些"巡抚"又"远离"了朝廷。由于"山高皇帝远",统治者对他们也开始不放心了。怎么办呢?为了监督这些"巡抚"、协调各省关系,只有在"巡抚"之上,又从朝廷抽调大员,设立"总督"一职,一个"总督"下辖若干省份。

设置层层机构,安排各色人等,这样的官职设置,与"修堤筑坝"何其神似。"水涨坝高"的良苦用心,多少也能看出朝廷当时的困惑、无奈和黔驴技穷。

但根源在哪里？在于不信任，在于地方官没有任何的担待呀！你所信任的只是那些你能够"耳闻目睹"的"身边"人。但那些"处江湖之远"的人，就一定不会"忧其君"吗？

就算他们胡作非为，又与距离朝廷的远近有多大的关系呢？到底是"心远地自偏"还是"地远心自偏"都没有搞清楚，比如清廷，就用一句"非我族类，其心必异"生生切割了彼此之间的基本信任。那还谈何担待，谈何清明鼎盛？于是乎，"烽火狼烟"也就是迟早的事了。

而另一种形式正好可以借用刘备的一句话来描述，那就是"每与操反，事乃可成"。只要与前一种做法相反，就能够把事情做成。不管用人还是合作，都要建立在彼此信任的基础上，因为信任本来就是最高的奖赏。信任不仅是效率的保证，更是节省成本的明证。不是所有的都可以量化，也不是所有的都需要监督。一句"孤之有孔明，犹鱼之有水也"换来的很可能是"两朝开济老臣心"那般的鞠躬尽瘁、死而后已。

还是京剧《群英会》里周瑜对蒋干说的那番话总结得到位："大丈夫处世，遇知己之主，外托君臣之义，内结骨肉之恩，言必行，计必从，祸福共之。"真要如此，像现在一些企业抱怨的诸如员工缺乏忠诚度，好不容易被培养得差不多了，却跳槽了等现象，还会普遍出现吗？原因很简单，还是周瑜的那句话："假使苏秦、张仪、陆贾、郦生复出，口似悬河，舌如利刃，安能动我心哉！"

就此类事情而言，如果你的公司里，勤勉踏实的员工伤心委屈，油滑谄媚的那帮人如鱼得水，找本《三国演义》的连环画看看，也应该知道自己错在哪里。至此，一定有人会说，信任也有反面的例子。远的如燕易王之于子之、齐桓公之于竖刁，近的像我们自己就曾遇过到的借钱不还、恩将仇报等事情。这里想说的是，燕易王之于子之，那是胁迫大过信任；齐桓公之于竖刁，那是宠溺大过信任，至于借钱不还、恩将仇报等，那是遇人不淑大过信任。

但无论如何，这些确实是信任遇到的危机。要不然，信任为什么这么难达成共识？担待又为什么这么难得到体现？难到连那个"握发吐哺"的周公，也要将请求代替武王而死的祷书，藏于金縢之匮，以防自己的亲侄子——后来的周成王怀疑自己会夺权篡位；难到连曾子的母亲也会"三人成虎"般相信曾子会杀人,而仓惶急促地越墙逃走;难到连秦国左丞相甘茂领军攻打韩国宜阳的时候,恐攻城日久而遭人谗言,也拿这个"曾子杀人"的故事为引,早早地和秦武王订下"息壤之盟"而求自保;难到连管仲、李斯、王翦、萧何这样的千古豪杰,也要用奢靡贪腐这样自毁名声的障眼法来求得信任。

为什么会这么难呢?这里当然有很多具有个性特质的客观原因,但最重要的还是利益的大小和归属。

一般来说,能带来的利益越大,人们之间的信任度越低。而利益共同体的关系越紧密,人们之间的信任度就会越高。像"无情最是帝王家"和我们常说的"财聚人散,财散人聚"就是这样的道理。

面对那些动辄"普天之下、率土之滨"般的巨大利益,面对将这种巨大利益集中于"一人之手"的事实,再奢谈什么信任和担待,那不是很滑稽吗?

三

事实上,在利益及其归属暂时无法回避,且可能长期存在的情况下,信任和担待的确具有天然的局限性。如果说,巨大的利益和利益的过度集中,成为谈论信任和担待绕不过去的障碍的话,那么,我们索性就先忽略掉这两个障碍。

排除这两种极端现象的原因,是我们不仅已经知道了毁灭信任和担待的主要条件,是利益及其归属,还要知道支撑信任和担待的原因是什么。试试用这个找到的原因,能不能对抗毁灭信任和担待的那个条件。至少,看能不能稀释和中和那个条件,稀释和中和到利益能够与担待共存。也就是说,在言及利益的同时,怎样才能保留一份信任,体现一份担待?

我曾经在楼梯口,看到过一个刚学会走路的小孩儿,在妈妈的保护下,扯着、挣着、歪着、斜着,非要走楼梯,大半个身体都探出了楼梯的台阶,似乎压根就不知道什么是危险。然而,当他妈妈松了手,让他一个人走楼梯时,他的两只小手紧紧抓着栏杆,如履如临的样子完全没有了在妈妈保护下的那种"嚣张"。前后的对比,正像他妈妈说的那样:"别看孩子小,他其实什么都知道,谁对他好,谁能保护他,哪里有危险,他都明白着呢。"

我曾经见过我的一位同事,她家房子的装修、家具,甚至配饰、挂件,全部都是她喜欢的风格和样式。我们都知道,装修房子、选择家具的时候,夫妻两人很容易发生矛盾。而我的这位同事,没有和她家先生商量,就自作主张确定了自己喜欢的装修风格和家具样式。用她的话说就是:"我喜欢的,他肯定喜欢,就算他不喜欢,他也能担待。"

我们曾经看过书上所载管仲和鲍叔牙一块做生意的故事。投资的是鲍叔牙,但分利润的时候,管仲都要拿最大的那一份。对此,不仅我们不理解,连当时跟随鲍叔牙的随从也不理解。可鲍叔牙的解释是:"管仲家里穷,又有老母要养,多拿一点没有什么关系。"管仲也以一句"生我的是父母,了解我的是鲍叔牙"来定义他和鲍叔牙的关系。如此的信任和担待,就这样长存于他们心中,跃然于青史之上。

一个还在懵懂阶段、尚不懂事的孩子,能感觉到谁对他好,这是亲情使然;一对恩爱的夫妻,能够坦然地以自己的喜好去自作主张,这是爱情使然;朋友之间,能够以真实的处境和实际的需要去分配利益,这是友情使然。无论亲情、爱情还是友情,其本质和核心都是"爱"。爱是信任的基础,而没有信任,何来担待?

支撑和成就信任与担待的这样的爱,随着角色的不同,可以是亲情,可以是爱情,还可以是友情。这样的爱随着程度的不同,可以由好感到亲近,由认可到吸引,直到意气相投、志同道合。然而,我们又不能不看到,小孩子在父母跟前的撒娇任性,如果任其自由发展而不加约束,是不是会演变成无理取闹呢?这种无理取闹成为习惯,又怎么保证他不会随时随地发作呢?

"国有国法,家有家规。"即便是夫妻之间,有稳固的爱情为基础,如果没有一点规矩,而一味地要求对方担待自己,那这样的担待又能持续多久呢?

朋友之间也是如此。像管仲和鲍叔牙之间的了解、信任和担待,又有多少人能够做到呢?即便能够做到,那为什么不从一开始就根据商业规则、风俗民情和两人实际情况而约定好分配比例呢?有了这样的约定,至少不会使那个随从疑窦丛生,不会使建立在友情之上的合作节外生枝。

由此,我们是不是能够看到,"爱"虽然是信任的基础、担待的保障,但同时也是一把双刃剑。它很可能凌驾于"规则"之上,超越了"权力"的范围。而建立在"爱"的基础上的这种凌驾和超越的言行,很可能就是对"爱"的最大的伤害。

古时的朝廷,那些最终大权在握的宦官,一开始,何尝不是出于对君王的忠诚,效忠也好,想受宠也罢,充当耳目这事难道不是信任所致?越是被信任,越是想用更"隐秘惊爆的事实"去加强这种信任。畸形信任之下,他们的言行将越来越得到担待。久而久之,又怎么可能不会出现诸如捏造事实、无事生非、造谣中伤和颠倒黑白等现象呢?到那时,还会记得那个"爱"的初衷吗?还会意识到正是这个所谓"爱",把彼此引入歧途的吗?前文中提到的明朝那些被信任、被委任为监军的太监,难道没有这样的因素吗?

综上所述,建立在"爱"以及"大爱"基础上的信任,在具体的操作中体现出来的担待,本来应该"沁人心脾"和"引人入胜"。但只要涉及利益,就一定会涉及利益的分配。只要对分配的利益有无限占有的欲望,那仅仅用"爱"和"大爱"怎么可能使信任和担待茁壮成长、开花结果呢?即便是"将在外,君命有所不受",那也是在"虎符"相合的前提之下,在战略决策的框架范围之内,在如猿使臂一般的灵活掌控之中。

所以,任何的信任和担待,只有在明确的权属关系、完善的规则体系之下,针对不同的情况,约定出不同的操作方法、标准及奖罚措施,才能体现得淋漓尽致,发挥得无所羁绊。在这样的过程中,如果再加点"爱"与"大爱"的成分,那是再好不过了。

然而,我们平常看到的,除了"爱"与"大爱",还有那些所谓趋炎附势,那些所谓机关算尽。它们又有哪些表现呢?我们又应该如何看待诸如此类的现象呢?下面,就以势利和心机为题,来聊聊这个话题。

八 有病就得治

势利

势利是最典型的"一个巴掌拍不响"的态度和行为,
也是最典型的"快速繁殖和传播"的态度和行为。

有时候，我真的恍惚地认为，势利不是一种态度，也不是一种行为，其实就是一种病。而且，还是遗传病、传染病、基因突变的病。更可怕的，它还可能真的是一种"癌症"，一种至少目前无法根治的病。

没有土壤、阳光、水和空气，这种病毒怎么可能得以传播呢？势利，根本就是一个巴掌拍不响的事呀！

势　利

一

势利,有一种赤裸裸的表现形式,那就是体育比赛的某些解说。对势利这种肆无忌惮的表现,尤其体现在对抗性竞技的某些解说中,像足球比赛。身为一个"伪球迷",每次陪家人坐在电视机前看足球比赛的直播时,总是特别留意赛事解说。

起初,我注意到那些穿插在赛况解说中的对双方球队实力的分析,总是能够丝丝入扣地契合着场上的局面和比分。如此精准的预测常常令我惊叹不已!后来,我渐渐发现,不是他们分析得对,而是他们原本就是照着对的做出的分析。也就是说,场上的局面,尤其是比分,才是他们判断和解说双方实力高下的唯一依据。

通常的解说大致是这样的:随着一声哨响,甲乙两个球队正式开始比赛。起初,肯定和赞美的语气,当然是倾向于传统强队这边。随着比赛的进行,如果强队确实局面占优,即便是暂时没有进球,也会以"照这样打下去,进球是迟早的事"的解说,来加强这种肯定和赞美的语气。如果强队再"先下一城",首先进球的话,那溢美之词就马上形成一边倒的态势。如果以两球,甚至是三球领先的话,那笃定赢得比赛的解说就会充斥你的整个耳膜。

但是,如果相反呢?传统强队不强,一上来就显得局面被动又是怎么解说的呢?

这时的解说,会小心翼翼地给你做各种铺垫,时不时地抛出"人员伤病""赛期密集""磨合不够""场地不适"等这样的理由。一旦局面翻转,这些理由统统瞬间消失,另一套说辞马上就会闪亮登场。像"这就是球星的作用""一个人就决定了整场比赛""就这样一抬头,什么都看明白了"等解说,我们会陌生吗?

然而,如果这样被动的局面一直延续,那铺垫的就不会只是那些所谓客观的原因了。"教练意志和技战术贯彻不下去""核心球员不和""俱乐部和国家利益冲突"等主观理由就会接踵而至。如果再让对方攻入一球,那话锋立转,"黑马横空出世""代表着现代足球的发展潮流""技战术日臻炉火纯青"等振奋激昂的解说就会铺天盖地。

就像这样,随着场上的局面,尤其是比分的变化而做出相应解说的行为,理由总是那样充分,过渡总是那样自然。你说这是势利,他还说这是真实得不能再真实的铁一般的事实。定格在终场哨响时的那个比分,难道就一定是他们说的这种事实的明证?难道这样的事实就一定能够掩盖得住他们如此势利的解说?

对比赛而言,如果不是这样,那又该怎么解说呢?碰巧的是,我真的听到过与上面描述的截然相反的解说。具体的赛事情况,我早已淡忘了。印象最深的是在这次解说中,那位解说员自始至终都在肯定着某一个球队的实力。丢第一个球时,解说员没有见风使舵,在分析实力的基础上,坚定地认为能够反超比分。丢第二个球时,解说员还是认为至少能够打平。丢第三个球时,离终场不到三十分钟的时间了,解说员依然认为这个球队就是为了创造奇迹而生的。然而,遗憾的是,结果没能如这位解说员所愿,奇迹并没有发生。3∶0的比分,自然让这位解说员十分无奈和尴尬。同时,我也真的不认为这是一场任何角度、任何意义上的精彩解说。甚至,如果站在中立的立场去纯粹欣赏比赛的话,我情愿听到前一种"随波逐流"式的所谓势利的解说。因为那种解说毕竟在紧跟着趋势,描述着事实,欢呼着胜利。

尽管你可能认为这样的趋势没有规律可循,这样的事实掺杂了太多的偶然,这样的胜利也不完全是实力的表现。然而,后一种解说,就一定会体现出必然的趋势和真正的实力吗?

罔顾瞬息万变的趋势和异军突起的事实,而一味维护传统球队,顽固支持成名球星,这算不算是势利的另外一类表现形式呢?这类表现形式与前一类有什么区别,又有哪些联系呢?通过对两者的比较,是不是能够让我们更加清晰地认识到势利的来龙去脉和呈现形式呢?

二

势利，有两大类不同的表现方式：一类是随波逐流、见风使舵，看似在紧跟和宣扬所谓"新生事物"，其实，令他们感兴趣的也仅仅是这个"新生事物"的本身。如果这个"新生事物"转瞬即逝，他们马上就会毫不犹豫地去"讴歌"下一个"新生事物"。这类表现方式的集中体现就是：谁在"台上"就支持谁，谁有点"名声"就膜拜谁，谁有权势财富就讨好谁。当然，这些人要是"下台"了、"声名狼藉"了、"一朝失势、倾家荡产"了，无论是非曲直、黑白对错，这类势利的表现，只是那标志性的"翻脸比翻书还快"。

盲目的狂热、疯狂的追捧，没有根基，没有支撑，从来不考虑原因，也从来不关注走向。无论是真实还是虚假的"繁荣"，都是拉动他们血脉偾张的唯一缘由。原因很简单，对他们来说，为什么要去关注这种"繁荣"的真实或是虚无？这种"繁荣"消失了，他们就会义无反顾、全身心地投入另一个到来的"繁荣"，没有理由。这就是势利。一切皆因势利而起，一切也皆因势利而终。没有信仰的鼠目寸光、没有节操的趋炎附势就是这类势利表现出来的基本特征。

这类势利的嘴脸，尤以大明朝天启年间对魏忠贤的追捧，表现得最为露骨和典型。目不识丁的太监魏忠贤，一个十足的流氓无赖。让我们来看看他一朝得势后围绕在他身边的那些势利小人龌龊、无耻的表现吧。

内阁首辅、大学士顾秉谦，在礼部尚书任上时，主动投到魏忠贤门下，带着儿子登门拜访时，一句"本欲拜依膝下，恐不喜此白须儿，故令稚子认孙"也算让我们见识到了什么叫惊世骇俗。一个七十老翁，须发皆白，觍脸要认一个小自己十八岁的太监做爹，还怕人家嫌弃他这老胳膊老腿儿，索性把儿子领来给人家做孙子，拐弯抹角，就是一定要给这个太监当"孝子贤孙"。

原来人无耻起来，也可以做到如此"创意"无限。看来无论什么事情，只要做到极致，都会将"创意"演绎得五彩斑斓。惊诧吗？是不是还没有回过神儿来？

这边的"认爹"闹剧还在甚嚣尘上，大有"方兴未艾"之势，那边，另一帮"庙堂高官""饱学之士"早已花样翻新、粉墨登场了。他们引经据典、义正词严，哭着喊着要为魏忠贤堂而皇之地建生祠。

浙江巡抚潘汝桢首开此风，建祠西湖，与南宋岳飞祠比邻。"自是，诸方效尤，几遍天下。"就这样，魏忠贤的生祠，在当时那些封疆大吏、文臣武将的亲自呼吁和操办之下，遍布全国。拍马溜须、颠倒黑白的褒颂之词，简直到了无以复加的程度。一句"至圣至神，中乾坤而立极；乃文乃武，同日月以常明"更是将魏忠贤推上"尧天帝德"般的神坛。当时的监生陆万龄更是"想大家之所想、急大家之所急"，开创性地运用"宜建祠国学西，与先圣并尊"这样的具体措施，千方百计就是要将那些大家称颂的口号尽快落到实处。

且不说孔子有任何的伟大之处，单就一个是识字的祖宗，一个是目不识丁的文盲来说，强行把魏忠贤和孔子放到一块，去共享尊荣，这个陆万龄也算是点燃了"奇思妙想"的创意火花。幸好，陆万龄没有无耻和疯狂到拆了孔庙去建魏祠的地步。就是不知道这样的"幸运"，如果孔老先生泉下有知，他老人家领不领情、感不感恩？

看看将近四百年前，大明朝这帮早已将势利演绎得如此登峰造极的人。你在公司里再看到那些诸如尸位素餐的巴结逢迎之徒，领导赏识的摇尾谄媚之辈，抑或以打击别人、投机钻营为最高目标和最大乐趣的人时，是不是不头皮发麻或莫名惊诧了？

不再那么迷茫、不再那么愤懑的原因，是不是你的注意力已经开始从紧盯这种势利行为的本身，逐渐转移到关注这种势利行为的后果上了？

将近四百年前的这帮人，已经用家败人亡这样钉在历史耻辱柱上的方式，宣告和证明了他们这种行为的必然下场。今天的我们，又怎么可能搞不清楚这种行为的必然走向呢？

除此之外，势利还有一类表现方式，那就是拒不接受新生事物：一切都是过去的好，现在的什么都是坏。其实，对于好坏，他们根本没有判断的依据、评价的标准。只要是过去的，就一味地支持颂扬；只要是现在的，就一概地打击否定。看起来好像没有趋炎附势，但他们趋的是过去的"炎"，附的是过去的"势"。如果说"见风使舵"还能使航船"随波逐流"的话，那他们的行为明显就是在开"倒车"。

"张勋复辟"就是这种势利表现形式的一个典型代表。在民主共和的大势所趋之下,他还企图去恢复帝制,无论如何都是倒行逆施,怎么可能不遭人唾弃?

之所以会存在这样的思想和行为,很大程度上在于他们本来就是过去那个时代和环境下的既得利益者。而这个利益,很可能就是他们曾经势利的产物。和前一种类型不同的是,他们"翻脸"确实没有赶上"翻书"的速度。其原因,倒不是他们不想"翻脸",更不是他们认识到这种"翻脸"的无耻,而是他们连这个"翻脸"的能力和机会都没有。所以,他们只能不遗余力地抹黑和诋毁一切新生事物,妄图回到他们驾轻就熟、如鱼得水的过去的那个氛围,以便续写属于他们的龌龊和无耻。

这就是势利两大类型的表现形式。从中我们能够清楚地看到两者"相辅相成""交相映辉"。第一种类型包括了第二种类型,第二种类型是第一种类型的"基因突变"。如果说第一种类型是"病入膏肓"的话,那第二种类型明显就是"弥留之际"。

三

深究这种势利现象的根源和成因的话,个人当然负有不可推卸的责任。没有思想就敢反驳,没有观点就敢评论,没有信念就奢谈信仰,没有方向就制定目标。就像连《汤头歌》里的字都认不全的人,就信誓旦旦地叫嚣着应该取消中医;就像看一眼别人文章的标题,就洋洋洒洒地书写出数千字批驳宏文的人;就像昨天拜佛,今天又吵着要去受洗的人,还想着明天要不要再去拜拜"三清道观";就像动不动就要创建"百年企业"的人……这一切"无源之水、无本之木"的行为,怎么可能不左右摇摆、自相矛盾?

个人这样的表现,难道和他所处的环境就没有一点关系吗?我坚决不相信任何人的思想和行为,能够脱离大环境而孤立地存在,尤其对于势利这样的行为。因为这样的行为至少涉及甲乙两方。很明显,存在实施势利行为的一方,肯定就会存在享受这种势利行为的另一方。也就是说,势利这事,绝对是"一个巴掌拍不响"。

这就像本文开头提到的那些足球解说。之所以会出现那样的解说方式,难道仅仅是因为解说员个人的喜好和取舍吗?虽然不排除这种可能,但一句"观众不答应,我们不得不那么说,不得不那么播"也多少道出了他们的无奈。实际上,这也说明着舆论力量的强大。个人有时可以操纵舆论。但舆论之下,谁还会去倾听个人发出的"杂音"呢?如果置身于这样一种情势之下,个人应该何去何从呢?也就是说,我们个人应该怎样对待有关势利这样的事情呢?

至此,可以完整解释一下势利的含义了。"利"无需多言,就是财货利益;而"势"一般的解释是"权势""势力"及"地位"等。

这里说的势利,就是对有钱有势的人趋奉,对无钱无势的人歧视的思想和言行。这样的思想和言行,在一个有关苏秦的故事里,有过完整而生动的描述。

苏秦在"头悬梁、锥刺股"的时候,"嫂不为炊",就是嫂子连口饭都不给他做。但等他发达后,身披六国相印、衣锦还乡之时,这个嫂子却"蛇行匍匐,四拜自跪谢"。每当看到这里,都禁不住为这样的描写击节赞叹。这是一个什么样的动作呀!这是文字吗?这分明就是一幅图画。不,准确地说,这是一段视频,因为但凡是个人,就绝拿捏不出这样的动作。

马趴在地、蜿蜒扭曲。为了势利,这个嫂子也算是用上了吃奶的劲,拼到了家。别以为这就是最精彩的,高潮还在后面。当苏秦问这位嫂子"何前倨而后卑也"?也就是问她为什么会这么势利呢?你猜这位"著名"的嫂子怎么说?

这位嫂子的回答也真的可谓"朴实中见真章",一句"以季子之位尊而多金"也算是将势利进行得"名副其实""表里如一",将势利解释得清清楚楚、明明白白了。

这还用问吗?老娘之所以这样,还不就是因为你小子现在有钱又有地位了吗?对了!此时,她绝不敢自称"老娘",更不敢称对方为"小子",哪怕是在心里!因为此时的她已经从里到外被彻底地降服,降服在那"位尊而多金"之下。别以为只有她这个嫂子会如此势利。他的父母、妻子同样如此。这一点儿也不奇怪。家风如此,氛围如此,也算是大势所趋、同流合污吧。

这也就是我们说到的势利中的"势",其实还有一层含义,就是指这个氛围、风气或舆论。没有这样的背景,这个嫂子恐怕也不会如此高调、如此直白、如此理直气壮、如此大言不惭。没有"过街老鼠、人人喊打"般的后果，有的只是像苏秦那样"人生世上，势位富厚，盖可忽乎哉"的慨叹，那势利的思想和行为又怎么可能不大行其道、蔚然成风呢？

但不可否认，即便是那些甘之如饴般享受着你"蛇行匍匐"的人，充其量也只会把你当成"玩物"呼来喝去，利用你的狂吠，替他像狗一样去撕扯啃咬，给你的也只会是一块啃过的骨头，甚至是一块带有"剧毒"的骨头。因为他们对你本来就是弃之如敝履。道理不是很明显吗？你对他们本来也是"瞬息万变"的呀！你看上的不就是那块"骨头"吗？

他们怎么敢向你坦露心迹？怎么敢对你委以重任？怎么能够对你讲得明白他们的信念？怎么能够对你说得清楚他们的方向？他们的"这趟车"，怎么可能带上你一起远行？他们只有在"一时糊涂"到需要用到"狗"的时候，才会想起你的存在。至于那些因你的势利，而受到你的歧视、打压，甚至迫害的人，对你的本来面目，早已清晰明了到入木三分的程度。平时的他们，会对你嗤之以鼻、避之不及。等到他们"鲲鹏展翅"的时候，你觉得你还会有丝毫的"见风使舵"的机会吗？

恐怕到那时，你连做"狗"的可能都没有。你可能会说，既然如此，那就反咬一口。是呀，图穷匕见这样的行为，它的原意揭示的是英雄和侠士的行为和风范。你觉得那些势利小人会有如此的风骨和胆识吗？如果有，他们就不会势利了。

至此，我们不得不说说"有用"与"无用"的关系。因为这个"有用性"，正是势利存在的基础和条件。

笔者不止一次说过，包括人类在内，任何事物的最大特性就是它的"有用性"。然而，我们要如何看待这个"有用性"呢？是"用人时，脸朝前；不用时，脸朝后"吗？换而言之，我们看到的"有用"，就是那个真正的"有用"吗？

来看看孔子说的"君子不器"吧。对这句话有一种解释是这样的："君子不应该像器具那样，作用仅仅局限于某一个方面。"我不否认这样的解释，而且，本书还曾引用过这样的说法。但是，我私下揣度它是不是还有另一层意思。那就是君子的"有用性"是不是不应该只是像器物那样显而易见呢？我们认为的那些"无用性"，或者说，我们没有直观感受到的那些"有用性"，其实才是君子最大的"有用性"？

如果说，对"君子不器"的这种揣度有点牵强附会的话，那么用老子的"三十辐共一毂，当其无，有车之用。埏埴以为器，当其无，有器之用。凿户牖以为室，当其无，有室之用。故有之以为利，无之以为用"来解释"有用"与"无用"的关系，就简单和直白多了。

所以，就算你要势利，好歹也要明白"有"和"无"的关系，"利"和"用"的道理，不要总是像一条疯狗那样的血脉偾张。对于我们个人来说，无论氛围如何、情况怎样，大势所趋也好，有苦难言也罢，能离势利远点，就尽可能远一点。真要褒颂，也不要太过下作，太过云山雾罩，太过让人头皮发麻。真要贬斥，也不要太过残酷，太过落井下石，太过置人于死地而后快。

找到病因，才有医治的可能，但愿这种病能治，还能痊愈！

只是一个势利，怎么说也显得"孤苦伶仃"。它需要一个狼狈为奸的"孪生兄弟"。它的这个兄弟就叫心机。下面，我们就来聊聊心机这个话题。

心机

势利是病,那心机就是病入膏肓。
势利和心机的附体,足以令任何人万劫不复。

势利和心机，这一对孪生兄弟"相辅相成""相得益彰"。势利需要心机去运筹，心机需要势利去表现。

如果说势利是病，那心机就是病入膏肓。如果说势利是器质性病变，那心机就是导致这个器质性病变的罪魁祸首。因为它已经深入了你的"心、肝、脾、肺、肾"，必将导致"肌体和脏器"的彻底衰竭。

如果你把所有事情的成败，都仅仅归结于心机运用的巧妙与否的话，那你真的是万劫不复。

有谁愿意万劫不复呢？

心　机

一

记得学生时期读到过一本叫《厚黑学》的课外书。不知是否"正宗"的这本书,漆黑的封面映衬着鲜红的书名。"厚黑学"三个大字分外醒目,但更"沁人心脾"的还是它的内容。像"厚脸皮""黑心子"这些当时被认为纯粹是乌烟瘴气的东西,被作者反复论证、仔细推敲之后,奉上了成就所谓"帝王将相"的神坛。

起初,我一厢情愿地认为:作者一定是在采用欲抑先扬,或者是反讽的写作技巧。因为我毫不动摇地认为:谴责和鞭挞"厚脸皮""黑心子"这样的丑陋,才是作者的本意。就是抱着这样自以为是的所谓期待,我读完了这本课外书。结论却与我的期待大相径庭。至少当时的我没有看出作者对于依靠"厚脸皮""黑心子"去成就大业有任何相反的论述。这使我在很长的一段时间内,对于"厚脸皮""黑心子"这样的行为和心理心生憧憬而又疑窦丛生。光明磊落与阴险狡诈,或者说是坦荡与心机,就像拧麻花一样,彼此缠绕、相互纠结,让我实在搞不清楚,到底应该何去何从。

这种困惑和迷茫最直接的诱因,就是我们确实见过那些阴险狡诈、背信弃义之徒反而活得更加"春风得意"的例子。而且,这样的例子显然不少。像卑劣龌龊、工于心计却长袖善舞的楚国费无忌、西汉江充;像口蜜腹剑、残害忠良却官至宰相的李林甫、秦桧;像"向使当时身便死,一生真伪有谁知"的伪君子却成为新朝皇帝的王莽等。

虽然以上列举的几位都得到了应有的下场,受到了千古唾骂。但谁又能否认,不止一个像他们一样,甚至更加龌龊不堪的奸邪小人,没有受到相应惩罚?

更何况，就是在我们身边，这样的人也绝不是屈指可数。而这是否才是我们对此感到困惑和迷茫的根本原因？

要不怎么会有"好人命短，坏人万年"的俚语？

要不我们怎么会从刘备白帝托孤时那句"如其不才，君可自取"的肺腑之言中揣度出种种"深意"而堂而皇之地"开讲"？

要不我们怎么会置晁盖与宋江那生死与共的兄弟之情于不顾，非要穿凿附会出他们为了那所谓"第一把交椅"而用尽手段与心机，并把它总结成诸如"如何做老大"和"如何做好二把手"这样极富心机的"课件"而招摇过市？

所有这些，是不是也恰恰说明了我们在困惑和迷茫的同时，其实更倾向于运用心机和手段，而不是坦荡与真诚？

即便是那个"一意媚上，窃权罔利"时的严嵩就一定会比"近知理俗事，学种南山田"时的严嵩快乐惬意或心安理得吗？专权祸国时的赵高，一定会比勤勉恭谨时的赵高优越、尊荣，甚至是舒心吗？那时的秦国，民风烈烈、国运昭昭，惕励图强、捷报频传，身为中枢一员，那该是何等的壮怀激烈。虽受身份所限、职责所在，免不了受些委屈，遭些责骂，但这些怎能和日后那个抽心一烂、大厦将倾的烂摊子相比？也算是饱读法典的赵高，又怎么会不明白"覆巢之下，安有完卵"的道理？他难道就真的不怀念，君臣将士同心携手开创的昔日的辉煌吗？他难道就真的不后悔，当初奸邪狡诈地篡改遗诏的行为吗？他造的孽实在太大了，以至于后人认为他疯了，哪里还会去关心他最后的心灵独白？

就算他们不是这样，那没有疯的李斯，上了赵高的贼船后，愤懑、悔恨、焦躁、无奈和羞愧等种种表现，应该是顺理成章的吧。以至于临刑时，他实在没脸追忆昔日的帝国，只好慨叹一下自己当初在老家遛狗时的惬意时光了。

费尽"心机"的李斯，与写《谏逐客书》时针砭时弊、雄辩滔滔的李斯相比，你喜欢哪一个？或者，你猜李斯本人喜欢哪一个？

二

生下来就疯了的魏忠贤和突然变疯了的赵高之流，我们多说无益。像刘备与诸葛亮,他们之间明明是"三顾频烦天下计,两朝开济老臣心"般如鱼得水的君臣际遇。如果我们还要用诡诈和心机去猜度他们人生最后一次对话,那是不是多少有点不厚道?多少有点以小人之心度君子之腹?多少有点偏离了事实?

像"孝义黑三郎""及时雨"宋江,竟有人言之凿凿地宣称他因为觊觎晁盖的"位子"而耍心机、使手段,那是不是太离谱了呢?别的不说,单就快意恩仇的梁山好汉而言,是草莽不假,但无一不是人精。你要想耍个心眼、设个巧计陷害他们,即便是糊弄他们一下,只要看看柴进、花荣、武松以及鲁达等人对此做出的反应,就应该很清楚,你将要为之付出多大的代价。

而偷偷在酒里下毒,致人死地后才告诉他回去准备后事的宋江,得到的却是一句"生时就服侍哥哥,死了也是哥哥部下的一个小鬼"这样剖肝沥胆、荡气回肠而又令人潸然泪下的回答。试想没有将心比心、感同身受、以命换命的坦率与真诚,有谁会相信依靠心机与手段就能够建立这样的友谊,取得这样的信任?

由此,我们是否能够意识到,我们是被魏忠贤、赵高之类的"疯子"吓到,抑或是误导,以至于对任何人的任何举动,首先想到的就是用"心机"去解读。似乎只有从阴谋诡计的角度去诠释,才会显得"合情合理"。而我们对自己这样的解读扬扬得意的同时,真的会心安理得吗?真的就会趋之若鹜吗?真的就会身体力行吗?真的就没有感到这样的结论有点简单粗暴,有点投机取巧,有点断章取义,有点偷梁换柱,还有点哗众取宠,更有点误人子弟吗?

在我们看到、听到或见到的那些所谓"厚黑"的人中,是不是有一部分,或很大一部分,其实并没有我们想象中那样的"厚黑"?至少不是自始至终"厚黑"?至少不是习惯性的"厚黑"?至少不是把"厚黑"作为战略的支点和行动的指南?

很难想象,一个一开始就抱定以诡诈奸邪去立身处世的人,会选择十年寒窗、饱读诗书?会选择仗义执言、为民请命?我坚决不相信,少年登科,又辞官回乡读书十余载的严嵩,会是什么阴险狡诈之徒。我也不相信,隋朝文韬冠盖绝伦、武略无人比肩的名臣杨素,在碰到杨广之前,所有的功绩都是依靠阴谋诡计得来的。更难想象,一个自始至终都内斗不断的集体能够蒸蒸日上。

同样地,我坚决不相信,商鞅变法不是铮铮阳谋,而是蛇鼠一窝。我也不相信,没有"萧墙之祸"的秦帝国能够瞬间土崩瓦解。说出"胡人无百年运"的朱元璋，他推翻元朝时的团队怎么可能不比对手更加众志成城？

如果非要这么说，他们确实也耍了心机，使了手段。也就是说，即便是在一个人潜心修为的阶段，一个组织蒸蒸日上的时期，也不见得他们所有的思想、理念和言行都是光明磊落、坦率真诚，甚至都是公平公正的。这一点错都没有，其实我也认同这样的说法。因为坦率和真诚不仅是主观意愿，更是客观评价。你的坦率有可能得到鲁莽的评价，你的真诚更有可能换来"咸吃萝卜淡操心"和"狗拿耗子多管闲事"的揶揄。这种情况下，走一下心，使用一点技巧，又有什么不好呢？

其次，尽管你是在光明磊落地追求着公平公正，但由于视野、环境和时代等的局限，回头再看，当时你的所作所为，就可能不是今天人们想象的那样公平公正。你在委屈的同时，很可能别人正在煞有其事地想象着你当时的龌龊和不堪。

再者，就算他们真的没能做到完全的光明磊落和坦率真诚，那是不是同时代的其他人做到的更少，距离这个标准更远呢？

三

反观我们自己，你是否发现，你在耍阴谋、使手段的时候，正是你最不自信的时候？正是你实力最不济的时候？正是你对环境和局面感到力不从心的时候？而别人在耍阴谋、使手段的时候，是不是也正是他们开始走下坡路的时候？

"十则围之，五则攻之，倍则分之……"看似是实力在决定着我们做事的方式和方法。那实力从何而来？其实，稍微想一想就会明白，还不都是源于你一贯的做事的方式和方法，源于你采用这种方式而摒弃那种方式的思想和理念。

它们才是逐渐积聚起你实力的真正源泉。而当你力不从心，甚至由盛转衰的时候，是不是也恰恰说明了你的思想、理念和方式、方法出现了问题，连带实力出现下滑？如果不是这样，那富者恒富、强者恒强，哪里还会有异军突起？哪里还会有以少胜多、以弱胜强？哪里还会有江山代有才人出，各领风骚数百年？

所以，我们对思想、理念以及在这种价值判断和取向基础上衍生出来的方式、方法，如果不能做到正直、坦率、客观、真诚，又怎么能够指望仅仅用心机和手段就使它们符合事物的规律和发展的潮流,从而对提高我们的实力大有裨益呢?

不可否认的是,当依靠既有的比赛规则不能取胜,又不愿意刻苦训练和学习,只想着急功近利的时候;当既有的规则形同虚设,每一个人都想着运用他们自己的规则的时候;当"十年磨一剑"式的执着不再被崇尚的时候;当浮躁和轻狂大行其道的时候,一定是"心机"泛滥成灾的时候。

这里说的比赛规则,且不说它的正确与否,更不说它是不是富含人文道义。因为规则就是规则,它脱胎于"天理""人情",只以"国法"的形式存在,并以这样的形式诠释所谓"天理"和"人情"。你要想参加比赛,进行角逐,就必须遵守这样的规则。通俗地讲,这就叫走正道。而通过刻苦训练和学习,来强壮体魄或掌握技能,是参加这样的比赛并取得好成绩的必要准备。通过这种途径提高的体力或智力,就叫正才。用这样的准备去参加这样规则的比赛,就叫用正才走大道,简称"正才大道"。而坚持正才大道的思想或想法就叫坦率真诚,坚持正才大道的行为就叫光明磊落。反之,就是通常意义上的机关算尽和阴险狡诈。

然而,不可否认,任何的比赛规则都不可能一成不变。如果你恰好身处改变这个规则的时代节点,又要想具备改变这个规则的身份和能力,那你同样要用正才去走大道。只不过,这时候的"道"除了具备"国法"的属性,更强调它富含的"天理"和"人情"的成分。也就是说,除了要保证它正确,还要富含人文道义,即民心所向、大势所趋。否则,就会像"挟天子以令诸侯"的曹操那样,即便"设使天下无有孤,不知当几人称帝,几人称王"是事实,那你为什么不自立门户,以解救天下苍生为己任,光明磊落地去改变那已经腐朽没落的规则呢?为什么还要搞出"假如天命在我,我愿为周文王"那般犹抱琵琶半遮面的花样呢?

还有司马昭,比曹操更甚,直接就是偏离了大道,祭出了歪才。这样的人怎么可能不被定义为阴险狡诈,这样的成就和事业怎么可能长治久安呢?

不太清楚他们司马家族是不是以心机作为他们每一次行动的指南,但他们以心机作为战略的支点,却是毋庸置疑的。从这个意义上讲,他们建立起来的晋朝根本不值得尊重,他们的覆灭也丝毫不值得同情。

至此,你是否还在笃信那些"机心是术,若无道心统御,术越高,行越偏"之类貌似天衣无缝的名言警句呢?

之所以不同意这样的话,是因为我从来不把心机归属于任何类型的"术"的范畴。而且,我也从不认为,离开了正道,那个"术"能够高到哪里去。

人生路上,与其用心机猥琐地前行,不断地招致着灾难和麻烦,不如在"正才大道"的路上走得堂堂正正。虽然路途也会有崎岖和坎坷,但毕竟是光明磊落、襟怀坦荡的。

出现像势利和心机这样的行为和现象,都是因为为学的荒废,教育的缺失,怎么可能不导致"群魔乱舞"?

下面,很有必要来聊聊有关为学这个话题。

九 因为"久为不学",所以"群魔乱舞"

为学

为学有师,开启"学"之门
为学在己,开悟"道"之法

"人法地,地法天,天法道,道法自然",可谓师之法;"道生一,一生二,二生三,三生万物",可谓悟之门。延续传承,掌握规律用于实践,也是为学之道。

为 学

一

　　为学源于我们对道理和技能的渴望。我们渴望了解规律和掌握技能,以此来解开我们的困惑,获得衣食所需。前者是精神的满足,后者是物质的需求。当然,也源于我们对生命意义的求索、人生价值的追求、完美人格的塑造。而所有这些,又怎么离得开教育、学习、传承和创新呢?

　　为学有师。《国语》中从"民性"的角度来阐述的"非教不知生之族也",《荀子》里从"礼"的层面来解释的"君师者,治之本也",都从不同的角度和层面强调要念师情、重师恩。

　　尊敬师长。一方面,是因为他们是知识和技能的传承者和传播人,我们理应对他们的身份和工作保有一份敬意。另一方面,就是要通过敬重这种方式,来提升传授和学习的神圣感,来强化教和学的虔诚态度。对待知识和学习,我们本来就应该具备这种敬重的形式和虔诚的态度。很显然,吊儿郎当和漫不经心,无论什么时候、什么情况下,都与学习这种艰苦勤勉、任重道远的前行格格不入。

　　此外,还有一个更重要的原因,就是对师长"真知灼见"和"独门秘籍"的渴望,就如"阳明心法",即便你滚瓜烂熟、倒背如流,哪有老师根据自己多年的"研究成果",给你切中要害地讲解更让你拨云见日?

　　因为他们对此有自己的"真知灼见"。像这样的"真知灼见",他们要是不传授给你,你单纯地"以书为师",虽然也有领悟的可能,但要走的路很长。对于此类的"真知灼见",就算要走很长的路,毕竟还存在领悟的可能。

　　可是,对于那些"独门秘籍"来说,虽然不是绝对意义上的不可能,但是,如果没有老师的传授,要掌握这样的技能,难度实在太大。类似于川剧中的"变脸",你自己为什么不发明创造一个?

因此,为学从师一要人品好、二要天赋高,唯其如此,才能将他们的学说发扬光大,将他们的技能传承弘扬。

而人品好的重要标志就是要有敬重之心,不浮躁张扬,不追名逐利,不数典忘祖,不恩将仇报。而天赋高的首要条件就是要有虔诚之态,虚怀若谷、忠直淳朴、踏实勤勉、稳健厚重。为此,你怎么可能不凝聚你的虔诚去开发你的天赋?你又怎么可能不汇集你的敬重去修炼你的人品?

这样的"敬重"就是对规律、知识和技能的敬重,对学习的敬重,也是对教书育人这件事情本身的敬重。

二

那么,对于个人来说,怎样学习呢?早年一朋友的一个例子可以作为反面典型,对我们有所启发。朋友说他上学刚接触物理时,对"电磁感应"尤其是其中的"切割磁力线"似懂非懂。后来讲到"通电的线圈能在磁场中受力而转动,但只能转半圈,要想使它持续转动下去,就要加上'换向器'和'电刷'"这些知识,就更是困惑不解。

当他请教老师时,尽管老师把"电流和磁场方向"以及"如何改变导体的受力方向"等课堂上讲的理论,又给他耐心地讲了一遍,因为他原本就对这些知识不太理解,重新听了一遍之后,还是没有豁然开朗的感觉。直到有一次,在正月十五的元宵灯会上,他看到一个"走马灯"在不停地转动,才彻底明白了电机的工作原理。

如释重负的他终于明白,原来以前的困惑,不是对理论本身的不理解,因为有关"电磁感应"的习题,他也不是不会做。之所以在这方面老是存在着如鲠在喉般不通透的感觉,是因为他没有找到"学以致用"的踏实感。这种没有感性认知的纯粹理性灌输,在他内心深处,总是存在一种"雾里看花、水中望月"般的朦胧感。因为他从小到大,压根就没接触过机械,就没听过和见过什么是电机。

像我朋友这样的"孤陋寡闻",可能只是一个特例。然而,这样的表现形式,却具有十分普遍的意义。

没能站在"巨人的肩膀上",怎么可能"看得更远"呢?连前人总结的知识和经验都见所未见,连前人采用的方法和视野都闻所未闻,你怎么去发明创造?即便是能够发明创造,这种没能站在学科前沿的发明创造,价值又能有多大呢?就算是有很大的价值,那你得有多高的天分,需要付出多大的努力呀!而这种天分的来源,这样努力的动力,怎么可能不是出于浓厚的兴趣和澎湃的热爱呢?很早就泯灭这份兴趣和热爱的学生,凭什么能拥有这么高的天分,又为什么会如此努力呢?如果你非要说,那是"与生俱来",那我只能说,那样的"与生俱来"不在我们讨论的范围之内。

当然,一定有人会说,很多人从来就没想过你说的此类问题。不是也有很多学生考分很高吗?不是也有人具备很强的逻辑思维和空间想象的能力吗?

不否认这种情况的存在。就像学习中国的山水画,不一定要从"写生"开始。不"写生"不等于没有实地观察过名山大川,身在书斋不等于对现实没有感性认知。"高卧隆中,而知天下三分",谁又能说这是纸上谈兵?

那些早已成熟到形神兼备的绘画技法,使你只要掌握了云、瀑、河、川、山、树、屋等的表现技巧,即便是坐在家里,也能画出一幅"万里山川"图。然而,没有实地的观察和切实的感悟,你怎么去表现那深邃的意境?凭什么去成就那震撼的美感?表现的只会是那些"拾人牙慧"般的东西,成就的也只会是老师传授的那点技法。长此以往,这样的作品,怎么可能不矫揉造作,又怎么可能去开天辟地?

三

为学有法,但无定法,关键是找对适合自己的方法。方法虽然有客观的成分,但它是一个主观的概念。它指的是我们做人做事的措施和办法。为了使这样的做人做事合乎自然、提高效率,我们人为地总结出一定的方法。不过,任何的方法虽然有指导性的意义,但一定会具有"滞后"的属性。因为,所有的方法,一定是对以往做人做事的总结和提炼。适用于以前的方法，有可能也会一直适用下去。因为人性不变、自然规律不变，它就会有适用的基础和环境。但要是过分强调这种方法的作用，就会产生对方法的过度崇拜而循规蹈矩，会导致对这种方法的过分依赖而刚愎自用。

崇拜到唯方法论，就会抹杀掉一切的感性认知和所有的"天马行空"。依赖到唯这种方法为尊，就会对层出不穷的新问题、新情况，总是采用"旧瓶装新酒"的办法，老调重弹、踯躅不前。这就像我们希望得到的是那个"点石成金"的手指头，而不是金子一样。

同样，规则虽然有主观的成分，但也是一个客观的概念。它是人们出于秩序、简洁和深入的目的而规定的，但却反映着客观规律。我们定义的"理性"，不就是以这样形形色色的"规则"的形式出现的吗？因此，所谓"理性"，怎么会没有打着"理性"幌子的"非理性"情况出现？

由此可见，"理性"绝不是一个需要我们去"顶礼膜拜"的东西，也不是一个"颠扑不破"的东西。说到底，它就是一段时间内对一部分事实的描述。当然，也是在这一时期内，最为客观和正确的描述。这里的客观和正确，不仅仅是指它描述的结论，还包括它所用到的抽象的概念和逻辑的关系等这些我们在目前还称之为"科学"的东西。

所以，这种"理性"之下催生出来的"规则"，怎么可能没有被继承、颠覆和创新的可能？而且，它一定会被更接近事实的那个"更正确"的"理性"和"规则"所取代。这样的取代，怎么能够离开感性认知的土壤？怎么能够离开打破"规则"的天马行空？

从这个意义上讲，为学是更"理性"地遵循"规则"，还是更"非理性"地颠覆"规则"呢？显而易见，这里说的"非理性"是建立他自己的"理性"体系。如果是前者，充其量是一个知识的存储器。如果是后者，为学之后的才叫人才。因为检验人才的标志怎么可能不是解决问题的能力呢？

所以，不要笃信任何一种"方法论"，更不要把你认为正确的方法强加到别人身上。因为每个人都应该有属于他自己的方法，并依靠这种方法去"理性"地建立属于他自己的"规则"。

而那个感性认知，因为缺少"理性"的保障，怎么可能没有认识上的错误和偏差呢？而自然界的那个具象，又怎么可能一开始就被完全看得清楚、理解得明白呢？而它们，又怎么可能不是认识的基础和创造的源泉呢？

所以，越早开始对自然的接触，越早开始对实物的认识，越容易纠正感性认识上的偏差，越容易理解理论的含义和作用，也就越会具有丰富的想象力和创造力。等你具有这样的认识基础和想象、创造的源泉之后，剩下的，就是如何去"闻鸡起舞"，如何去"头悬梁，锥刺股"了。这时候，谁能"面壁九年"，谁能把"大英图书馆的板凳坐穿"，谁就是那个"天赋异禀"和"出类拔萃"的人。

当然，在这样的过程中，怎么能缺少德行礼仪的保证？怎么能缺少品格气度的护航？方向性的引领和规范性的要求，又怎么不是尽快达到目标的通用捷径呢？不仅如此，身体条件和承受能力，兴趣爱好和情绪反应，都会影响在这样的过程中的艰辛程度和成就的大小。所以，为学之道，就是教育和学习之道，当然属于自然之道。也就是，诚心诚意地看待自然与传统、严谨勤勉地对待师长与传承，清楚明了抽象的本质和逻辑的意义，辩证认识理论与实践、理性和非理性的关系，正确把握方法和规则的作用，并做到灵活运用。

一直都能做到这些，还用额外考虑什么生命的意义、人生的价值和完美的人格吗？

因为你已经用始终如一的言行举止完美地体现了所有的一切。从不仅要明白道理，还要掌握技能的角度来说，我们无疑首先要成为一名专业人士。对于专业，我们需要有什么潜在或直观的认识吗？

下面，我们就来聊聊专业这个话题。

专业

与其说专业是一种能力或一种资格,
倒不如说专业是一种魅力或一种风采。

几个朋友聚会，闲聊中，涉及某个领域的问题，大家都不说话了，只是异口同声地指着其中的一位朋友说："这个问题，他是专业人士，让他来解答。"

然而，尽管他在这个领域，但不是这个专业，只能勉为其难地解答了一番。我知道，他顶着专业这个头衔，实在不敢和我们这帮"非专业"人士一样"茫然无知"。

也就是从那之后，我对专业有了更深一层的认识，即专业就是一个你不敢说不会，不能说不会的领域。

由此可知，你要为此付出怎样的努力。谁叫你是专业人士呢？

专　业

一

置身于专业的氛围,像听课时,像看画展和听音乐会时,或者像接受医生的治疗时,我从小到大,已经经历过很多,也感受过很多。但印象比较深刻的,还是在多年前和十几位朋友一起自驾游的旅途中。

那次自驾游的初衷就是要避开热门的景点,所以,我们大多行进在偏僻的山路上。对于路不好走,我们是有心理准备的。但面对一段像过山车一样,在连续上下的陡坡中还有好几个急转弯的羊肠小道,而且左边就是陡谷深涧,我们中的大部分人对自己的驾驶技术感到了力不从心。为了减轻车身自重,我们都下了车,商量着让谁依次把这几辆车开过这糟糕的路段。为了选出这个人选,有人说需要驾龄长的,有人说需要驾驶过各种车型的,还有人说需要挑战过险峻路段的。

就在众说纷纭、莫衷一是的时候,其中一位朋友毛遂自荐,他说:"那就让我来吧。"看到大家不太信任的表情,他接着说:"放心吧,我是专业的司机。"瞬间,没有了质疑,结束了讨论,意见高度的统一。非他莫属,是当时我们每一个人,几乎在刹那间达成的共识。

后来的事实证明,他的技术确实无可挑剔。但是在当时,好多人根本没有见过他开车,甚至和他都不怎么熟悉。他也根本没有对自己的驾驶技术有太多的解释,只是那么简单的一句"我是专业的司机",就令我们悬着的心落了地。

多年来,我对这件事情一直记忆犹新。我想这就是专业的魅力,这就是专业散发出来的力量,这就是专业传达给我们的信息。这就像那些专业的运动员,他们之间进行比赛,最后决出的那个冠军,我们一般习惯称之为"世界冠军"。显然，他们没有与世界上所有的人——"交手"，但我们没有人会对这样的称呼产生异议。这就是专业和非专业的区别。而且，这样的区别早已被我们普遍认可。

专业，其实已经离我们越来越近。我们曾经穿过外婆做的鞋、妈妈织的衣服。但现在，这样的装束和穿戴已经离我们渐行渐远。

专业的人做专业的事，不仅体现在衣食住行的方方面面，更体现在国计民生的各个行业。即便是某些纯手工的职业，那也是属于专业的范畴。可以说，专业的概念早已深入人心。那个"画一条线值一万美元"的故事，就是对专业最好的诠释和赞美。

故事说的是在1923年，美国福特公司一台大型电机发生故障，相关的生产被迫停止。福特公司一筹莫展，无奈，请到了著名的物理学家、电机专家斯坦门茨来查找原因。不久，斯坦门茨就给出了解决方案：他用粉笔在电机旁画了一道线，让工人打开电机，将画线地方的线圈减少16匝。不出所料，电机恢复了正常运转，问题得到完美解决。这还不是这个故事的高潮。最能体现专业价值的部分是斯坦门茨开出的那张账单："酬劳1万美元。粉笔画一条线1美元，知道在哪里画线9999美元。"

谁会对这样的账单存有异议呢？尽管在20世纪初，"月薪5美元"是福特公司提出的最著名的薪酬口号，也是当时很高的工资待遇了。

不仅如此，就是在我们日常生活中，专业的魅力也无处不在。

一次，我们几个人陪一位朋友去看车。价位、配置、车型和颜色等都确定好了，唯一在选择"立标"还是"平标"的问题上，他犹豫不决。众人的建议多是从自己的喜好出发，说的也无非"立标"就是好，或"平标"看起来更好这样"无关痛痒"的话。正当他更加迷惑而无从选择时，一位朋友的话却让他茅塞顿开。这位朋友说："从车标设计的渊源和专业角度讲，'立标'彰显的是稳重、大气，多用于商务场合，而'平标'体现的是时尚和运动，休闲时会更加适合一些。"

此言一出，选择还会有什么顾虑吗？

可见，即便我们不是某个行业的专业人士，不需要去做什么更专业的事情，但多了解一点专业的情况，说话做事多从专业的角度出发，不也是一种增强辨别力和提高效率的方法吗？

所以,这里说的专业,不仅仅指的是"专业的人做专业的事",还强调要有专业的习惯、思维,以及说话和做事的态度和方法。

二

这里,虽然不吝赞美专业的种种优势和好处,但一定不能忽略"物极必反"的道理。一定要明白那些打着专业的幌子而不顾实际的言行,反而更具破坏力。

这样的例子如"纸上谈兵""虽日赋万言、胸中实无一策""多谋而寡断""下车伊始,就哇啦哇啦地发议论、提意见"等。所有这些,越是显得"专业",它的危害性和破坏力就越大。就像"善骑者坠于马、善水者溺于水、善饮者醉于酒、善战者殁于杀"那样,过度依赖专业的技能,而漠视实际的环境,那怎么可能不为所累呢?

不仅如此,观点一旦与事实偏离,越是貌似专业的论述,就越会强化和加大与事实的这种偏离。

有一次,我和两个朋友到西北旅游,租住在一间三室一厅的公寓。当时我们都感觉到这栋楼房的层高比较低,一个朋友说不到两米六,另一个朋友说虽然低,但至少两米六。说着说着两人就发生了争执,并决定打赌,赌注是中午到"大饭馆暴搓"一顿。看着他们两人热闹的样子,我也不甘寂寞,决定加入打赌的行列。其实,我也感觉层高不到两米六,但为了"慎重"起见,我想先听听他俩判断的理由,再决定站在哪一边。

那个和我看法一样的朋友说:"我看着就不到两米六,它一定就不会到,相信我的眼光吧。"而另一位朋友却不紧不慢地说:"这楼房是今年刚交付使用的,而住建部早在五年前就已经规定,层高不到两米六,不允许开工建设。"

还有什么可怀疑的,我当即就认定这个层高肯定在两米六以上。此时,就连那位坚持层高不到两米六的朋友,也开始有所动摇,但为了"面子",他还是坚持与我俩打这个赌。

结果出乎我的意料,我们用钢卷尺反复、仔细测量,层高确实只有两米五。

愿赌服输,看着那位用我俩的"银子"大吃大喝且扬扬得意的朋友,我就"气不打一处来"。责问那位言之凿凿地做"权威发布"的朋友,问他说的住建部的那个规定,到底是不是真的。

他倒也直言不讳,说那只不过是为了证实自己的观点而瞎编出来的所谓权威和专业的借口而已。

用貌似专业的幌子,使自己在偏离事实的道路上越走越远,而且使周围的人对这种偏离深信不疑。我笑称他的这种言行举止,真是完美诠释了"大奸若忠"。

自己都不确定观点是否偏离事实,甚至明明知道偏离事实,还敢笃定地借用所谓专业的力量,给自己的所思所想、所作所为披上不容置喙般"正确"的外衣,真是"骗子都那么专业,我们怎么好意思一直业余下去"?

专业的这种"两面性",丝毫没有影响它的魅力,因为任何罔顾事实的表面和形式上的专业,就像"海市蜃楼"般的假象一样,随着空气密度和阳光角度的变换,自然就会消失。只是我们自己要在这种"假象"没有自然消失之前,尽快明白这只不过是符合光学折射的原理而已。因为应对貌似的专业,你需要的是更加专业。

那么,什么是专业呢?

通俗点说,专业就是一个你不好意思说不懂、不敢说有什么不会的领域。至少在你工作的范围内,当你面对非专业人士的时候是这样。否则,那还叫什么专业人士。

当然,这里说的"不好意思说不懂、不敢说不会",绝不是"不懂装懂、不会装会",而是专业的要求逼着你去真懂真会。这就是专业的特征。

然而,一定有人会说,"诺奖得主"肯定是专业人士了吧。在一次学术报告会上,某位"诺奖得主"面对听众的提问,一连回答了好几个"不知道"。人们不但没有指责他,反而对他这种"知之为知之,不知为不知"的态度大加称赞。

对此,我们要明白的是,"诺奖得主"一般来说是在他们所属那个领域最前沿的引领者。在这个领域,他要说"不知道",一定会有把握别人也不"知道"。既然都不知道,那共同探索就是了,有什么不懂装懂的必要。也只有站在这样的高度,才"敢于"把"不知道"说得如此坦荡、如此自然。而这,恰恰反衬和佐证了专业的特征,那就是"无所不知"。

三

清楚了专业的重要性，又明白了专业的基本特征，那我们如何才能成为一个专业人士，去从事专业的工作呢？

先来看我一个朋友的例子。理工科毕业的他，刚入职一家国有企业，就阴差阳错地接手了一项任务，负责筹办一份企业杂志，以月刊的形式尽快刊印。

没有经验自不必说，连请专业人士的经费也没有，一切几乎从零开始。不说有关稿件的收集、分类及质量等问题，就是有关杂志的形式、排版及纸张的选择等常规事务，也会令我这位朋友一筹莫展。听他说，为了纸张的选择，他会把原来听都没有听过的如白卡纸、铜板纸、胶板纸、硫酸纸、压敏纸、新闻纸等不同种类、不同型号的纸张收集起来，放在一起，一张一张反复地看、反复地摸。就这样单一乏味的观察和触摸，他能够一连持续五六个小时，直到深夜。为了确定版式，他会把原来从没关注过的字体、格式、行距、磅值等，按照一定的顺序，一一调好排版，分别打印出来，再用尺子去实际测量它们的行间距和字间距，来比较它们之间的细微差别。就这样简单机械的劳动，也常常使他忘记时间的存在。

为了做杂志，他找来了几乎能找到的所有杂志，甚至连路边发的广告类的杂志，也会让他如获至宝。他就这样翻看着这些形形色色的杂志，长时间埋头其中，而不知疲倦。

结果当然是意料之中，效果当然是出奇地好。几乎由他一人之力筹办的这份杂志，在当时被公司所有人评价为"前无古人、后无来者"。我的这位朋友，也由于在这方面的出色表现，一度被同事们认为本来就是这方面的专业人才，而完全"遗忘"了他不久前还是以"电器技术员"的身份进入公司的。

后来，听他说起此事，我就好奇地问他："就那十几张纸，就那差别细微的行间距和字间距，就那'千篇一律'的杂志样式，你用那么长的时间，都看了什么，想了什么，又做了什么呢？"

他说，他当时完全不知道应该看什么、想什么和做什么。对做杂志一无所知的他，唯一想的就是如何能把这本杂志做好。他观察各种纸张的颜色，掂量它们的重量，摩挲它们的厚薄，比较各种杂志的规格和排版，反复观察不同的行间距和字间距……所有这些，他根本不知道他要的是什么，也不知道究竟哪个才是最好、最适合的。但是，在他自己都没有满意之前，他就这么漫无目的地持续着他的这些"笨"办法。最后，他找到了最好、最适合的那一版，尽管可能只是他自己最满意，还远远没有达到专业的程度。但连自己都不满意的成果、结论或商品，又怎么能奢望别人满意呢？又怎么敢公布于众呢？然而，与此相反的例子还少吗？这样的现象难道不是屡见不鲜吗？

苛刻点讲，这种具体的做法可能有待商榷。因为毕竟他过分沉浸于具体的事务，而忽略了去寻求"普遍规律"的帮助。然而他的这种态度，我想一定是专业人士不可或缺。

这里说的"普遍规律"，指的就是各个行业的理论形态。借用理论的形式和方法，至少能提供给你有效可靠的借鉴，帮你提高效率，不至于使你"南辕北辙"。这就像在设计手机机身尺寸的时候，你首先要使它的长宽比例基本符合"黄金分割"法则，再去反复推敲，直至找到那个你最满意、最适合的尺寸。这样设计出来的东西，怎么会不专业呢？充其量，你只会不认同这样的"设计理念"，又怎么会去挑剔这个设计的本身呢？

所以，专业一定要有理论的根基来保障，而理论是由学习得来的，这自不必多言。多说一点，理论的学习，其实是一个传承的过程，是一个汲取的过程，也是一个领悟的过程。很显然，只要是理论，就一定是前人的成果，而且是目前仍然行之有效的成果。

其实，关于理论，我一直有一个辩证的看法，那就是，它一定是一个很好的借鉴，但绝不是"颠扑不破"的真理。就像达尔文创立了进化论，同时也指出这个理论存在着没有"化石证据"的先天性缺陷。然而，他的追随者们却没有任何疑虑地把这个理论奉为圭臬。

理论的创立者都能做到如此实事求是，作为理论的传承者，为什么就不能客观地看待理论和理论的真正作用呢？

进行同样的理论学习之后，人们的专业程度还是会有所不同。这样的不同大多表现在效率、质量和突发情况下。比如，同样是车间电器技术员，在维修机器时，有的人用时很短，有的人就需要很长的时间。因为有的人需要一一排查故障情况,有的人根据经验马上就能找到故障所在。显然,专业还需要大量的实践去磨砺。

又如,有的医生手术时的切口一期愈合,有的医生就可能没有完全做到。这与医生手的灵活度、稳定度和轻重感都有很大的关系。虽说手的感觉有"与生俱来"的成分,但作为专业人士,经过有意识的训练,怎么可能不会提高呢?再说,病人需要做手术时,都特别希望经验丰富的医生主刀,不就是希望出现突发情况时,能得到及时有效的处理吗?而这,是不是要求专业的程度更深一些呢?

综上所述,专业又怎么不是前面承继着传统,后面开启着创新,中间保质保量又高效地解决实际的问题呢?

成为专业人士,需要更大的平台,并在这样的平台上,再去"百尺竿头,更进一步"。那么,这样的平台具有什么样的特征呢?它对于我们的发展又会起到什么样的作用呢?

下面,我们就以圈子为题,来聊聊有关平台的话题。

十 找准平台后「修行」，才会事半功倍

圈子

没有平台,你可能真的什么都不是。

但什么都不是的你,却有可能建立起自己的圈子。

曾经听到过这样的话："离开这个平台，你什么都不是。"我十分认同这句话表达的核心意思。但我同时又很厌恶这句话的字面意思。什么叫离开"这个"平台，你什么都不是？全天下就这一个平台吗？

　　我认同不能离开圈子或平台去单打独斗，但也从不认为离开某一个圈子或平台，就会走投无路。

　　正所谓"此处不养爷，自有养爷处；处处不养爷，爷也闲不住"，这句俗语不仅说的是圈子和平台的重要性和必要性，更说的是这样的圈子到底应该由谁来建的问题。谁能忽视由"小荷才露尖尖角"的那些人建立的圈子呢？归根到底，任何圈子不都是这样建立起来的吗？

圈 子

一

聊到圈子这个话题，不由自主地想到了一个关于圈子的故事。《西游记》中《三打白骨精》的章节里，孙悟空画的那个圈，直到现在都令我记忆犹新。

悟空要外出化缘，恰逢唐僧、八戒和沙僧师徒三人身处荒山野岭。为防止他们受到妖怪的伤害，悟空临走时用如意金箍棒在地上画了一个圆圈，并反复叮嘱师徒三人，在他回来之前，千万不要走出这个圈子。

故事的发展，我们早已再熟悉不过了。他们当然是违反了悟空的嘱咐，始作俑者就是那个所谓好吃懒做的猪八戒。各种原因促使"肉眼凡胎"的他，执意鼓动大家走出了那个圈子。所以，才有了接下来一系列跌宕起伏的凶险经历。

从那时起，圈子，就给我留下了具有保护功能的印象。后来，又看到一个有关"画地为牢"的故事。说的是武吉误伤王相致死，周文王就命人在原地画个圈做牢房，竖根木头做狱吏，就此将武吉囚禁起来。于是，我对圈子的印象，又多了一个具有惩罚功能的认识。

再后来，看到樊哙、韩信和萧何。他们一位原本只是以屠宰为业，一位原本只是落魄于市井之间，一位原本只是供职于县级监牢的狱吏。为什么最后能为将、为帅、为相，而且还勇冠三军、国士无双，甚至还是西汉开国第一功臣？

类似这样的例子数不胜数，像卖青豆出身的关羽，像以杀猪为业的张飞，等等。难道真的是"英雄莫问出处"吗？就算不问出处，那也要有一个令我们信服的理由呀！其中，个人的努力和时代的际遇自不必说。因为缺了这两样，还有什么好聊的？我们想知道的是，还有没有别的更本质、更直接的原因？

正当我在困惑,并试图寻找这个原因的过程中,我对圈子又有了更新的认识。那就是圈子不仅是有形或无形的边界,能提供保护或起到惩罚的作用,而且应该是一个平台。就像"欣群才之来萃兮,协飞熊之吉梦"那样,招揽天下英才,在这样的平台上,一展抱负,建功立业。许许多多这样的人,如果没有一个固定的圈子,很可能就会一直是贩夫走卒、落魄浪子或刀笔小吏。而有了合适的平台,他们就会成长为我们现在所看到的英雄豪杰。其实,这一点儿都不奇怪。我们自己初来乍到某地,人地生疏之时,就连吃饭,不也得查查、问问有什么特色,是什么价位吗?即便是满腹才学,也要先找到个用武之地吧?何况,任何的才学,尤其是解决问题的能力,怎么可能不是从实际操作中得来?而这些,又怎么可以缺少一个用以实践和磨炼的平台?而且,做的事越大,参与的人就会越多。为了一个共同的目标,你觉得他们是像"纣有臣亿万,惟亿万心"那样南辕北辙好,还是像"周有臣三千,惟一心"那样众志成城好呢?

所以,我们这里说的圈子,还是倾向于"物以类聚,人以群分",贴近于欧阳修讲的"小人无朋,君子则有之"的意思。它与清朝雍正帝深恶痛绝的"朋党"之意,还是存在本质区别的。区别就在于:前者是顺应潮流而自然形成,合乎形势而客观存在,且以理想为基础、以目标为导向,在追求事业的过程中体现应有的价值。后者则纯粹是以欲望和利益为纽带,以地缘、姓氏、官职、性情及好恶等要素为依托,牵强附会、生拉硬拽,而刻意营造的小团体、小帮派,且仅仅着眼于一己之私利,钩心斗角、尔虞我诈。

当然,不可否认,任何的圈子都有局限性,而这个局限性也正是它的天然属性。因为只要是圈子,无论如何都要体现这个圈子的意志和主张,都要保护这个圈子的人员和利益。至于接不接受别的圈子的主张,保不保护别的圈子的利益,就要看这两个圈子的主张和利益是不是能够不谋而合,是不是能够殊途同归,是不是能够合作共赢。

二

圈子,看似以一个闭环式的结构,区分出内外,但若真成为一个实际意义上的封闭系统,观念不能更新、人才不能流动,那才是这个圈子真正衰败的标志。就像清末晋商的没落一样,尽管原因很多,但墨守成规、缺乏进取应该是他们最大的问题所在。《水浒传》中描述,水泊梁山在第七十一回"梁山泊英雄排座次"时达到顶峰,也正是从那时起,开始走向衰落。因为"三十六员天罡"和"七十二座地煞",共108位好汉的圈子一经形成并固定下来,明显禁锢了他们揽尽天下英雄的勃勃生机。

不难想象,任何一个圈子,固然有它们成立的初衷,也就是基本的宗旨和理念。但衡量其生命力的标志,怎么可能不是兼容并包、锐意进取?这话说得容易,但要做到,你知道有多难吗?

"闭关锁国"这事儿,你以为清末的慈禧老佛爷是开山鼻祖吗?非也。远的不说,所谓"寸板不许下海",就是明朝建立初就制定的遏制中国人对外交往的海禁政策。清朝更是如此。从康熙到乾隆,从严格限制出海贸易到彻底闭关锁国,一步步切断了中国人对世界了解的通道。不仅阻碍当时国力的发展,更阻碍了科学技术的进步。而这正是发生在那个所谓"康乾盛世"。以至于半个世纪后,到鸦片战争时,人们还普遍地认为"洋人的腿不能打弯"是铁一般的事实。

造成如此认知差距的原因,难道和百年前就开始的"闭关锁国"没有一点关系吗?为什么这样封闭自守?他们那个圈子的最高决策者又在害怕着什么呢?

要做到兼容、开放是如此之难。那锐意进取呢?应该也是非常困难。看看诸葛亮的《出师表》,言语之恳切、叮嘱之详尽,无一不是希望孱弱萎靡的刘禅能够踔厉奋发、锐意进取。

不要以为只有像刘禅这样的人物才需要如此耳提面命。清乾隆弘历怎么样?大学士纪晓岚仅仅因为灾民救助一事上书进言,就被这个"十全老人"骂作"倡优蓄之"。把大臣比作妓女,乾隆皇帝可谓开一代骂风之先河。唐太宗李世民怎么样?还不是对屡次上谏的魏征恨得牙根直痒,差点找茬要了他的老命。

不要以为只有圈子里的最高决策者才会如此不知进取,整个决策层也很有可能沦为如此不堪。像奸臣当道之时,残害忠良,鱼肉百姓,开历史倒车的事实还用列举吗?从"庆父不死,鲁难未已"的庆父,到清朝的巨贪和珅,俯拾皆是。

你以为只有这些巨奸大恶才会如此掣肘,而无视进取之路吗?那你看看王安石和司马光，这两位道德、文章都堪称泰山北斗的人物，一经决裂，那是何等的电光火石、势不两立。势同水火的这两位，直接导致整个圈子的士大夫阶层公开分化为两大派别。从道义之争迅速蜕化为权力之争，完全丧失判断是非善恶的标准和能力。

三

从以上列举的种种圈子，我们能否看到，要保持一个圈子的勃勃生机，并尽可能地使它长盛不衰，是一件多么困难而艰巨的事情？

建立在对未来茫然无知基础上的我们，是不是应该根据掌握的知识和经验对未来将要发生的事情和出现的情况，有意识地做出应对的预案？并随着知识和经验的丰富，而不断地修改和完善这样的预案，使其尽可能更好地解决未来将会出现的所有麻烦。这对于个人来说，避免了一而再、再而三地付出"好了伤疤忘了疼"般无谓的代价，切实做到"泰山崩于前而色不变"那样的冷静沉着。之所以能够如此从容，是因为一切都在你的意料和掌控之中，至少心中有谱。

分门别类而又切实有效的预案避免了"临时抱佛脚"般仓促决策及应对；避免了朝令夕改、冲冠一怒或一筹莫展的无奈和尴尬。它能够依据事态的发展、时间的节点以及产生的影响等要素，快速而自然地得出在什么阶段采取什么样的行动的恰当应对措施。

别的先不谈，一个人，要能想到未雨绸缪，要能做到防患于未然，怎么还可能是两眼漆黑地往前摸？知识和经验的持续，有意识、有计划、有步骤地积累，又怎么可能不会照亮前方的路？

一个圈子，要能有一个专门的机构、一帮专业的人才，踏实、系统、经年累月地为未来做一点思考、规划、部署、应对，那怎么还可能在突遭"三千年未遇之大变局"时不知所措？又怎么可能等到抽心一烂时还找不到原因，落实不了责任？

因为我始终认为，与其喋喋不休地告诫兼容并蓄、锐意进取是何等的重要，不如从舆论、制度、资源等方面去引导和保障对未来的期待和探索。这样，它可以自发地去做到兼容并蓄，因为它明白别人的经验有多宝贵。它可以自然而然地做到锐意进取,因为它清楚前方的路有多艰难。

所以,判断一个圈子是非成败的重要标志,就是看它想看到和能看到多远的未来。而这,也正是我们选择一个圈子的重要标准。在这个圈子的保护下,在这样一个免受打扰的平台上,放长眼光,去寻找那个理应光明的未来。

寻求圈子,无非是在寻求一种帮助、一份助力。但"已助者天助",人生怎么不是一场修行?而修行又怎么可能不是一个自我完善的过程?

关于修行,有什么感悟,对我们又有什么启示呢?我们接着就来聊聊修行的相关话题。

修 行

形式是修行的保障。

真正的修行,却是溶化所有的形式,无时无处不在的修行。

关于修行，我们不会陌生。佛陀在菩提树下，悟道成佛；达摩面壁九年，影可入石；老子西出函谷，张良隐居深山；孔子慎独，庄子逍遥。

不管形式如何，都是修行的方法。而所有的方式、方法都集中指向一点，那就是修心。

所有的规矩和形式，都是用来约束修心的过程，提升其效率和效果。而修心的目的，就是培养一以贯之的理念、坚忍不拔的精神、敬畏自然的态度、勤勉的作风和俭朴的生活方式。

修 行

一

因为修行的话题稍显抽象,看似稍稍远离了我们的日常生活,所以,不妨把这个话题再拉远一点。为的是在慢慢走近它的过程中,能够细细地品味它的悠长和醇香。

很小的时候,听到过一个令我在相当长的时间内都非常厌恶的故事。这个故事说从前一户富裕人家的老太爷,每天都要吃一碗肉。如此的有福消受,令很多人都自叹不如。然而这位老太爷家的一个小伙计却不这样认为。他觉得自己是没有条件,如果有钱,也照样能吃得下。于是,这位老太爷就吩咐伙房,每天照样再做一碗肉给这个小伙计吃。结果,这个小伙计大快朵颐三天之后,不要说吃肉了,就是看见肉都想吐。

之所以很讨厌这个故事,是因为同样非常喜欢吃肉的我,一直愤愤不平地认为,凭什么那个老太爷就有福消受,而那个小伙计却不能呢?我固执地认为,这就是那些狗眼看人低的人,胡编乱造出来的溜须拍马的故事。

然而,多年之后,随着生活水平的提高,像那个小伙计一样,我在一次又一次"吃到想吐"的事实面前,不得不承认,故事中老太爷和小伙计的区别,也仅仅在于今天小伙计的吃相,很可能就是多年前那个老太爷的翻版。那个老太爷也可能是在"饕餮盛宴"之后,才领悟到"细水长流"的道理,只不过食量确实因人而异罢了。

缺乏生活经验的人,要对丰富、现实且纯粹的生活做出自以为是的评判,还无端上升到道德和价值的层面,那是一件多么可笑、愚蠢和错误的事情。经历过风卷残云，才会知道自己胃口到底有多大；历经暴饮暴食，才会明白饿肚子难受，其实吃得太饱更难受。所有这些，都是因人而异，需要你自己经历之后，才能做出正确的选择。而这样的经历，尤其是这样的选择过程，就是我们要谈到的修行。

吃饭，这件再平常不过的事情尚且如此。那还有什么不需要修行呢？然而，谁会喜欢崎岖、坎坷，甚至苦难？谁会轻易而主动地改变自己的本性？如此一来，就会出现一个必须经历而又不愿经历，必须改变而又不愿改变的巨大矛盾和死结。为了解开这样的矛盾和死结，人类历史上许许多多的智者，想到了许许多多的办法。

首先，他们想到，要把历尽苦难，才能终成大器的道理给大家讲清楚。于是，就有了我们熟知的摆事实、讲道理，苦口婆心而又带着拟人化趣味的"故天将降大任于是人也，必先苦其心志，劳其筋骨……"的谆谆教诲。

然而，就像老子说的"上士闻道，勤而行之；中士闻道，若存若亡；下士闻道，大笑之"那样，肯定会有一部分人，听到这样的教诲，就心悦诚服地去身体力行了。

接着，对于将信将疑的那一部分人，这些智者不仅要讲清道理、指出方向，还要总结出修行的具体措施和办法，让他们有章可循、有据可依，使他们能够在这样一条具体的道路上行走时看到光明。通俗点说，就是让他们感到有利可图。于是，就出现了像"格物、致知、诚意、正心、修身、齐家、治国、平天下"或"道生一，一生二，二生三，三生万物，万物负阴而抱阳"等这样的修行法门，以及由此衍生出来的诸如"致中和""止于至善""守静笃""见素抱朴"等具体的方法。

即便如此，这些智者还是担心这部分人不能参深悟透。于是，他们又不遗余力地亲自操刀，设计出"五行"和"八卦"等几个模型，将天地和人生的道理，浓缩成抽象的阴阳盛衰及相生相克等这些所谓能够看得见、摸得着的东西，用来辅助这类人的修行。

最后，对于那些不仅不懂道理，还讥讽、嘲笑这些教诲的人，这些智者却是受尽了累，操碎了心。因为对于这一部分人，讲道理、给方法，指方向、明利益，以及将之简化和抽象成模型等措施都不起作用，他们必须另辟蹊径。然而，这些智者到底是用什么样的办法,才能使这样的人虔心诚意地修行呢?

方法其实也很简单,就是要使他们感到畏惧。而且,要使这种畏惧的感觉时时萦绕在他们周围。因为他们"闻道大笑",在于他们的"笑点很低"。也就是说,他们根本就不需要,或没有意识到需要这样的东西。而之所以不需要这样的东西,是因为他们对现实、未来从不担忧。

这种得过且过式的不担忧,正是他们欲壑难平,导致他们的人生苦难的重要原因。它的根源,显而易见就是对任何东西都无所畏惧。所以,那些智者就把坎坷和苦难定义为人生常态。为了使这种常态化的苦难更加生动,他们甚至把这种苦难定义为与生俱来,并相伴终生,抑或相伴生生世世。

然而,单纯的让他们对人生,甚至活着这件事情的本身感到畏惧不是目的,目的当然是让他们心悦诚服地寻找光明。所以,人生的这点苦难,就要被定义在所谓"地狱"和"天堂"之间,进则可以乐享"天堂极乐",退则"沦落地狱"而万劫不复。

基本的思路出来后,剩下的就是去设计具体的程序了。这些智者从理论到实践,从方法到步骤,系统而完整地教给这些人分门别类的修行方法。例如,在"戒""定""慧"基础上,如何针对"贪""嗔""痴"去进行修行;在"信""望""爱"基础上,如何去修行至高的品德、纯洁的心地以及真理的证悟等。

至于这些智者在设计这些修行的过程中,会拟人化地加入种种神秘的力量。就像"五行""八卦",其本质也是一种模型。只不过这种模型更加生动、形象,更易于达到他们教人修行的目的罢了。

由此,我们也能看出这些智者的苦心,或者说是慈悲心、大爱之心。

二

不管是仁爱慎独,还是修仙成佛,抑或是上天堂,尽管形式不同、教义有别,但无一不是教人向善,无一不是在强调着自身的修行。然而,正如"吾未见好德者如好色者也"那样,修行原本就是如此之难。所以,任何形式的修行,都是从一定的形式开始。为了保证切实的修行效果,有的还上升到一定的仪式,像"出门如见大宾,使民如承大祭""参禅打坐""摸顶""洗礼"那样。

对于修行而言,会出现种种形式,其实也不难理解。就像你读书、学习,什么姿势不能读书?哪个地方不能学习?可为什么还要尽可能选择正襟危坐在安静的环境中?不言而喻,"形式"对于"内容"有着正面的促进作用,甚至可能成为最节省资源、最快达到目的的办法和途径。就像在规范流水线上工人的操控动作那样,具体到小臂抬起的高度,效率自然就通过这样的形式体现出来;也像军人在训练时,对每一个科目,都有详细的分解要求那样,威武、敏捷通过这种形式展现出来。

当然,如果你只是关注像"达摩面壁九年、影可入石"这样的形式,而从来不去思考和探究他这九年都修行了什么,那你就走入了强调形式的极端。你一定要明白,"静坐"绝不是"枯坐"。"静心敛神"只是刚开始"打坐"时的基本要求,它的作用只是要你排除无谓的纷扰。如果你轻易就能使身心抽离这种纷扰,那打不打坐又有什么关系呢?而误入这样一个仅仅强调极端的形式的人还少吗?

供奉佛龛、神像,甚至建佛堂、捐庙宇的人,虔诚地烧香磕头、吃斋念佛,形式做足、排场做尽。但如果他转身就锱铢必较、见小利而忘命;就睚眦必报,忘记了"一饭一德必偿";就一错再错,丝毫没有悔悟之心、向善之举,甚至去损人利己、恩将仇报、刻意诋毁、欺上瞒下、拍马逢迎……那他建再多的佛堂,烧再多的香,吃再多的素,对他来说又有什么益处呢?

由此,我们也能认识到,烧香拜佛的人,未必是善良和诚信的人。遇到这样的人,你要特别地去留意他的人性和品性。也就是说,形式和本质存在着天壤之别。越是强调形式的人,越是要留意考察他的本质。因为不难理解,所有的形式,其实都是约束你,让你更好、更快地达到目的的手段和桥梁,仅此而已。如果说有些形式过于神秘,那也正好说明让你达到此目的是如此困难,困难到要引入神秘的模型。但归根结底,它只是一种形式而已。

而这种种形式,对于我们来说,又有哪些借鉴的意义呢?

"剃度出家,道服僧袍",我们且不管这种形式有什么宗教上的含义,先扪心自问:衣服、发型和化妆,年复一年、日复一日,牵扯我们多少精力?浪费掉我们多少时间?而且,衣服的多少、发型的长短,甚至肤色的深浅,真的就那么重要吗？真的就重要到影响我们的修行吗？

智者们说，外在的这些都不重要，也根本影响不了我们，而且确实在浪费我们修行的精力和时间。所以，他们才规定了"剃度出家，道服僧袍"等形式，目的就是要我们能够尽可能地远离俗务，潜心修行。

这种修行的形式，还有一个比较集中的表现，那就是我们常说的吃素。如果把坚持吃素的理由归结为不忍"杀生"，而不是身体所需，那你基本上可以不用坚持素食主义了。因为动物是生命，植物难道就不是生命？

当然，这里说的各种修行目标，都不在吃穿用度这样的事情上。但如果你非要说，你就是靠脸吃饭，靠穿衣服活着，那这些成为你的修行目标，或向修行目标倾斜本就无可厚非。即便如此，哪一件衣服的设计，仅仅取决于它的质地及花色，而没有内在的设计思想和穿着品味作支撑？就算是质地和花色，那也是技术、文明和审美进步的产物。就算是靠脸吃饭，那也是像"短长肥瘦各有态，玉环飞燕谁敢憎"那样，各有用武之地，各有施展的空间，各有各的受众群体，不会是千人一面，更不会是"一白遮千丑，一胖毁终身"那样的极端。

只不过，你需要领悟的是"君子不器"的道理。就算是花瓶，你也不能仅仅只有摆设这一项用途，还要尽可能再具备插个花或放个鸡毛掸子之类的功能。因为没有内在的思想和灵魂支撑的人或者物件，即便光鲜亮丽，也免不了昙花一现的结局。就是那些骗子，想卖个瓶子、杯子这样的"古董"，不也要编个故事、杜撰个情节，以"传承有序"的幌子来凸显这些东西的内涵吗？

由此，我们慢慢脱离形式，渐渐深入修行的本质。

正如"酒肉穿肠过，佛祖心中留"那样。如果你心向往之并坚如磐石，那吃不吃素、剃不剃发，甚至烧不烧香这样的外在形式又有什么坚持的必要呢？或者说，这些本来就是水到渠成、自然而然的事。

一切的修行，其本质都是修心。在修心的基础上，约束、改正并完善自己的行为，使自己的思想和行为与最终追求的那个目标相得益彰。到这时，由于廓清了形式的迷雾，挣脱了形式的羁绊，我们才可以说人生无处不修行、人生无时不精进。

三

以上关于修行的种种叙述,对于我们个人来说,应该有哪些启示呢?

当我们没有通过自己的努力,或与我们的努力不相匹配而天降横财时,当我们的功绩不足以支撑那"誉满全球"的盛赞时,我们有没有可能像前文中提到的那个小伙计那样,根本"无福消受"这样的财富和荣誉呢?就算是这样的财富和荣誉与我们的努力和功绩相匹配,又怎么保证,我们会像那位老太爷一样"福泽绵长"呢?

我们见过太多太多穷而乍富之人的嘴脸,见过太多太多志得意满之人的做派,趾高气扬、目空一切、盛气凌人、口出狂言,甚至空虚、无聊到酗酒、赌博。凡此种种,虽然龌龊,但毕竟能够使我们一眼明辨其丑陋之处。

相反,隐藏更深、迷惑更大的是那些被粉饰成冠冕堂皇的说辞和举动。这些没有思想、缺少思辨的言行,这些"只记得吃肉,却忘记挨打"或"好了伤疤忘了疼"般的所谓经验之谈,如果再掺杂"小人得志"般的成见及好恶,那对我们来说贻害更大。

就像前不久,我看到的一个电视节目,一群所谓成功人士,在对一个初入职场的人指手画脚、评头论足之时,说出了一个观点,大意是:初入职场,你必须严格遵守规则,等到你有能力去制定规则的时候,才是可以不遵守规则的时候。

似乎是众口一词,似乎是理所当然,似乎是依据自己的经验,似乎是那么义正词严。然而,你敢稍微沿着他们的思路往下想一下吗?

规则只是给别人定的吗?正因为在过去遵守规则,才成就了今天的你,尽管歪七扭八、匪夷所思。那从今以后不遵守规则,未来的你将何去何从?这样的观点和言论背后是怎样的跋扈、嚣张和癫狂呀!这样的人,这样的思维,这样的观点,这样的言论,竟这么堂而皇之、理直气壮,问题到底出在哪里呢?

所有这些,难道我们见得还会少吗?难道我们自己就一定没有过这样的想法、言辞和举动吗?而之所以会如此,难道不是因为我们忽略了人生中那必要的修行吗?从这个意义上讲,谁又能说,人生不是一场修行呢?

人生的修行,是不是应该从有所惧怕和顾忌开始,由规矩和形式入手,话不太满、事不做绝,将畏惧转化成敬重,将祈求升华为觉悟,直至无形、慈悲以及大爱的境界呢?

修行的过程,其实就是一个历经苦难、寻找光明的过程。吃亏、上当、坎坷、磨难,只能算是修行的入门课程。这节课就是要教你认识到世界不是以你为中心。如果你目空一切、恣意妄为,那你就会处处碰壁、时时掣肘。在这样的寸步难行之下,有的人心灰意冷,草草收拾起当初的万丈豪情,开始了自怨自艾的人生;有的人则变得油滑,不仅不去直面这些坎坷和磨难,还刻意成为让别人吃亏、上当的制造者。

他们毋庸置疑,都被挡在人生这个修行的大门之外。

进入修行的大门,怀揣对万事万物的畏惧之心,战战兢兢、如履薄冰,怎么可能信口开河?怎么可能粗暴鲁莽?如果是这样,那就算是进入了人生修行的第一层境界。如果说此时的谨慎勤勉只是出于对事物及规律的陌生,那建立在谨慎开口、稳重做事基础上的人生态度,势必会令他们尽快地了解这种种内在的规律。

然而很不幸,此时又有一部分人要出局了。如果他们浅尝辄止、沾沾自喜;如果他们认为了解点规律就万事大吉;如果他们懒得在了解规律的基础上审时度势、因势利导,那他们就只能止步于第一层境界。相反,就会顺利进入人生修行的第二层境界。此时,你需要做的是改变规律、创建规则。你应该领悟到,当初,你感到畏惧的真正原因,不是你说你是一个新人,也不是你对它们感到陌生,更不是你羽翼未丰、人微言轻。而是万事万物都有生命和价值,都有灵性和尊严,都在生机勃勃地、努力地成长。

如果是这样,当初那被动的畏惧怎么可能不主动转化成敬重?当初由畏惧而莫名升腾起的祈求之心,怎么可能不被彻底的觉悟所取代?然而,如果你罔顾规律、恣意毁灭,以个人的意志凌驾于万物之上而为所欲为,那你的修行也就在这里戛然而止了。

顺利完成改变规律、创建规则这样的使命,就开始进入人生修行的第三层境界。

面对谎言、欺骗、表里不一,面对羞辱、讹诈、背信弃义,不再是一味地厌恶、愤怒和打压，而是开始学会推己及人、感同身受；开始学会"挫锐解纷""和光同尘"；开始学会在自己修行的基础上帮助别人开悟；开始学会在自己前行的同时，给别人照亮前方的路。至此，人生的修行，由入门到历经三层境界的洗礼，虽饱受沧桑磨难，但从不曾有辱使命。

此种境界的你，怎么可能不透析人间百态，悟尽世事炎凉？怎么可能不明辨权威阴谋，笑看跳梁小丑？又怎么可能做不到洞若观火，窥一叶而知秋？

明辨宵小之术而弃之，不仅是人格和品性，也是责任和担当，更是对那一份任重道远的自信和勇气，对美好未来的憧憬和承诺。

所有的修行最后，我们没有见过肉体不灭、长生不老，也没有见过羽化登仙、永享极乐，但我们常见浩气长存于古今之中，精神永恒在天地之间，功勋卓著、彪炳史册。

人生"修行"的过程中，难免会遇到纷扰，甚至遭遇危机。面对危机，我们应该如何作为？接下来，我们就详细聊聊危机这个话题。

十一 如何抵达出发时心中的那个终点

危机

危机的种类很多。
最迈不过去的,或者说,最不可逆的危机,
毋庸置疑是诚信危机。

我们每一个人，都遇到过形形色色的危机。然而，最大的危机是不是诚信出现危机呢？

当个人诚信缺失，个人就会遇到危机；当集体诚信缺失，集体就会遇到危机；当国家诚信缺失，国家就会遇到危机。

而且，诚信一旦出现问题，基本上都是不可逆转的。

危　机

一

　　这里要说的危机，就是非常关键、紧急、困难，乃至危险的时刻或时间段，以及产生这种危险的根源，当然也包括应对和解决它的一些办法。

　　我们常听到人们谈论各种各样的机会，比较有名的像"人生七次机会论"。说的就是我们每一个人，从二十几岁开始，直到七十几岁，每隔大约七年，就会出现一次机会。但最初的那一次，因为年龄太小，最后的那一次，因为年龄太大，我们很可能都把握不住，或无法把握。就是中间的那五次机会，也可能出于各种各样的原因，与我们失之交臂。

　　所以，坚持这个观点的人们认为："终其一生，能够对人生有重大影响，又能被我们抓住并利用的机会，其实只不过三次而已。"这里，无论这个观点正确与否，它无疑是在强调机会的稀缺性和重要性，代表了我们对机会的普遍渴望。

　　之所以会如此渴望机会，是因为我们希望在人生的旅途中，能够走得尽可能顺利一些。因为机会能够帮助我们更顺畅地到达远方的那个目标。这是我们极其看重和寻找机会的原因所在。同样，这也是我们要尽量躲闪和规避危机的原因。不言而喻，机会能够帮助我们解决问题，而危机显然就是一个麻烦的制造者和体现者。

　　我们不喜欢危机，不喜欢到连提都懒得提到它。甚至，在不得不提到它的时候，我们习惯用"忧患"这样的词语来中和我们的恐惧或厌恶，或者干脆转移直面危机的可能。

　　千万不要误会，这样说，并不是在否定忧患意识，更不是要刻意去抹煞它的作用。相反，忧患意识以其全面、深邃的远见卓识为我们指出了一个辩证看待客观事物的方法，讲明白了"否极泰来"和"乐极生悲"的道理，也讲清楚了我们应该"安不忘危，盛必虑衰"。

但是，就在我们强调"安而不忘危，存而不忘亡，治而不忘乱"的时候，我们显然是站在"安康"的基础之上、"鼎盛"的环境之中。而在这种时候，又有几个人能够对"艰难困苦"有切身的感受？又有几个人能够去践行那"居安思危"的忧患意识？"好了伤疤忘了疼"难道不是普遍的现象吗？

这可能就是忧患意识存在的"天然缺陷"吧。因为它总是站在"安逸"的角度，试图去说服人们要顾忌那份潜在的"危险"。事实上，哪有那么多"安逸"？我们每天碰到的，难道不是各种各样的危机吗？难道我们不是在克服和解决这形形色色的危机中，艰难地前行吗？

既然危机客观存在，总是萦绕在我们身边，那么，我们为什么不去正视这样的危机呢？也就是说，我们在"居安思危"这样占尽"心理"优势，或者只是"口头"优势的忧患意识之外。为什么不干脆承认我们本来就身处危机之中，或者说，我们的目的就是化解这种种的危机？

其实，包括道理在内的任何东西，都不是单纯地因其无可辩驳的"正确"，就一定会被人们采纳或人们一定会因此而受教。忧患意识也是一样。这当然没有任何错误。但危机意识对我们而言，因其有切身的感受，或许更加有用。而"有用性"依然是现阶段任何事物最重要的属性。

所以，除了忧患意识，我们是不是应该把注意力更多地转向危机意识？在我们感同身受的基础上，能不能把这样危急的时刻转化为可以被我们利用的机会？甚至，危机的本身，除了危急，还包含有机会的成分。只不过，需要我们置身其中，就像"不入虎穴，焉得虎子"那样，深入其中，寻找机会，化解危机。

二

危机的种类很多。主要由于主观因素引发或导致的危机，如不具备某项技能而暂时还不能从事自己喜爱的工作，或目前还进入不了自己心仪已久的领域；

或者由于财富积累不够,还不能"行止由心"般超脱物质的束缚等。

所有这些,我们在这里自不必多说。因为凡是涉及主观方面的问题,最好交由自己去解决,多找找自身的原因,在自身情况的基础上,多付出点努力。在这方面,别人也确实帮不上太大的忙。就算"师父领进门",不也还是"修行在个人"吗?要不然,为什么我们总是说要"自强不息"呢?

这里,我们需要记住的,只是"老牛自知夕阳短,不须扬鞭自奋蹄",并把它付诸实践,也就足够了。至于像那些你喜欢的是不是你所擅长的,你擅长的是不是你所喜欢的;像那些对物质和精神的追求有没有底线和尽头等问题,就留待你自己去慢慢感悟吧。

"谋事在人"说的就是充分发挥自己的主观能动性,而"成事在天"就会涉及很多客观的因素。从这句话也能看出,主观能够把握的东西,相对来说还是比较简单的。而面对那些无法把握的、突发的,涉及很多客观因素的问题,我们时常会感到颇有些难度。

这里,之所以会让我们感到力不从心,一方面是因为客观因素太多,往往会导致我们"顾此失彼"。另一方面,是因为我们对这些客观因素不能完全做到"一视同仁"。

顾此失彼,就会使我们在做事上产生漏洞。"百密一疏",很可能就会导致前功尽弃。如三国时的"赤壁之战"。相比"万事俱备,只欠东风"的周瑜,曹操坚持认为隆冬时节只会刮起凛冽北风,所以等到"东南风起"之时,危机也就随之而来。那八十万大军顷刻间灰飞烟灭怎么会不在情理之中?

而不能一视同仁,说的就是不能用一致的态度和统一的理念去对待周围众多的客观因素。

既不体恤部下,又疏于防范,从而导致重大的危机出现的人,比较典型的就是三国时蜀国猛将张飞。张飞对刘备、关羽两位结义兄长自然是情深意重,但他经常打骂部下的行为,就曾多次受到刘备和诸葛亮的提醒和责备。可惜,他没有意识到危机的临近,自然也因这种态度遭到了惩罚。

其实,顾此失彼,和不能做到一视同仁,这两者有着紧密的联系。顾此失彼是不能一视同仁的一种表现,不能一视同仁是顾此失彼的一种根源。其共同的原因就在于,你忽视或轻视了某些看似微不足道的客观因素。因为你阅历太浅、经验不足,还因为你没有形成持续且一贯的理念、态度和方法。

很多时候,你还在意气用事,受情绪的支配。像"诱敌深入""回马枪"等战术能够顺利实施并达到目的,与情绪失控有着直接的关系。

很多时候你还在人云亦云、随波逐流,还在厚此薄彼、趋炎附势。甚至,你本来就有意在"看人下菜",在"恨人有,笑人无"。

如此的漠视、傲慢或不够理智,怎么可能不带来"报复"式的危机?那些你认为的微不足道的客观因素,就算真的不能帮你成事,却足以毁了你要做的事。就像一颗螺丝钉,有了它,不能建成一艘大船。但在航行中,它的松动可能会使整艘大船葬身海底。就是在我们身边,类似这样"成事不足"但"败事有余"的人还少吗?要不然,为什么诸葛亮会苦口婆心地一再叮嘱刘禅要"亲君子,远小人"?即便没有"君子"和"小人"的区别,或者说,你还分不清哪些是"君子",哪些是"小人",但至少应该做到一视同仁,用一以贯之的敬畏态度去对待所有可能涉及的那些客观因素。

三

然而,就算做到了这些,那宋朝矢志抵御外辱的岳飞,为什么被自己人杀害于风波亭?明朝扶帝国于将倾的于谦,为什么也被自己人斩首抄家?他们所面对的危机,原本不应该出现在自己的阵营里呀!

这里先不评论对错,也暂时不为任何人喊冤叫屈。单单就发生在他们身上的危机而言,我们是不是能够看出一个共同的特征,那就是在这种危机或厄运到来之前,他们已经不被信任。无论出于什么原因,是害怕胜利到来得太快,是受奸人所害,还是在战略或战术的指导思想上的差异,他们无一例外,很早就不被他们的上司信任了。

不可否认的是,以上列举的人物,他们要面对的最大、最重要的客观因素就是他们的上司,而不是他们从事的事业。悲哀也好,无奈也罢,这就是客观的事实。我们就以这样的客观事实,来归纳出危机的普遍特征,那就是彼此失去信任。推而广之，危机出现的最重要的一个原因，就是缺失信用。或者说，诚信危机可能就是所有危机中最大的危机。

我们到饭店吃饭，到医院看病，乘坐火车或飞机出行，我们首先假定的就是饭店不会下毒，医生不会害命，火车不会出轨，飞机不会掉下来。如果出现意外，我们也深信，那样的概率肯定是小得不能再小。即便如此，我们也选择去相信法律的公正，或保险业的诚信。我们相信，即使存在意外，我们也会在诚信体系的保障下度过危机。

反之，你能够想象吗？吃个饭要带上全套的检验仪器，看个病要拿枪顶着医生的脑袋。出行怎么办？是要造架飞机还是把司机的全部亲戚邻居都先看管起来？别以为我在说笑话或是信口开河。饭前要先验毒，病治不好就"砍"了医生，互派人质等事情，我们难道没有听过吗？

"干杯"这样的礼仪是怎么来的？有一种说法不就是源于要提防对方下毒，喝酒之前先碰一下杯子，让双方的酒能够混合一下吗？那些"宫廷御医"，为什么用药都本着"中正平和"的基本原则？这里面难道就没有害怕"砍脑袋"的成分吗？秦始皇嬴政的父亲嬴异人，不就是从小被送往赵国做人质的吗？

但对于我们普通人，这些做得到吗？就算能做到，成本得有多大？索性不吃那顿饭，不看那个病，不坐那个车行不行呀？一次行、一天行，时间长了，真就不行。由此可见，失去诚信、失去信用、失去彼此的信任，不仅仅是增加成本的问题，还可能导致整个事情无法推进、整个系统无法运转。

一个人，如果像"季布"一样，能够做到"一诺千金"，那是多大的诚信呀！有了这样的诚信，获得威望和尊重自不必说，就是从节省成本和提高效率的角度看，不也是显而易见的事情吗？

一个企业，从传统管理的角度看，一个人工作、一个人监督、一个人检验，这样的体系看似顺理成章。然而，很多事实证明，残次品甚至假货不照样层出不穷吗？

当然，这里的原因很多。我想说的是，在企业里，有的员工无论身在何处，都会千方百计地加班加点。相反，有的员工坐在办公室里，除了浏览八卦新闻，就是上网购物，甚至，在工作时间打网络游戏。这样的事情不也是屡见不鲜吗？

先不说敬不敬业，就是基本的信用或契约精神，自己如果都不在乎的话，单纯靠"监督"和"检验"又能起到多大的作用呢？"居庙堂之高，则忧其民；处江湖之远，则忧其君"，这样的精神和态度，是靠"监督"得来的吗？又怎么能够依靠"检验"使它持久呢？

如果从来都不把诚信当回事，那不管你是"一介草民"，还是贵为"天子"，都必须为此付出相应的代价，像杀害岳飞的宋高宗赵构和秦桧，杀害于谦的明英宗朱祁镇和石亨等。只不过，这种代价来得有早有晚，有大有小而已。

有制度和体系来保证信用的贯彻和实施，那当然再好不过。然而，如果保证不了，那至少要去保证信用缺失之后，必须受到相应的处罚。甚至出于矫枉过正的初衷，完全可以加重、加快处罚。因为和那些所谓"不是不报，时候未到"的"自然"处罚相比，制度和体系的处罚更有时效性，更具威慑力，也更有导向性。而且，在诚信和信用这方面，你一点也不用担心你的"雷霆手段"会破坏"自然规律"。因为和"自然"相比，我们在诚信这方面只会做得不够。这也是人性的特征之一吧。

如果不诚信怎么办？那无疑就要让他们不断地受到打击、付出代价。直到这样的代价超出他们的负荷，让他们苦不堪言、深受其累，彻底无路可走。只有一条诚信的大道可以通向远方时，他们走不走？

然而，对于我们个人来说，除了主观的原因，面对众多的客观因素，要判断危机的出现，就要看你和这些客观因素之间的"信任"程度。不了解野生动物的习性，怎么敢和它们"亲密接触"？没有野外生存的训练，怎么敢贸然深入原始森林？"疏不间亲"和"交浅言深"不是以正反两个方面说明着彼此信任的重要性吗？

无论对事还是对人，如果不了解情况、不掌握规律，没有彼此以诚信为基础的信任，那你一定要注意，危机随时可能出现。而你要做的，要么是去了解情况、掌握规律、加强彼此的信任，要么就是想办法快点"出局"，从这种危机中抽身。

面对种种危机，我们当然要有所坚守。坚守什么？怎么去坚守呢？下面，我们就来聊聊有关坚守的话题。

坚守

坚守，就是坚持守候一个值得你去坚守的东西，
而这个是否值得的评判标准完全掌握在你自己的手里。

坚守,是一种听从内心召唤的个人行为。如果上升到集体行为,那一定是信仰的力量。

我总在想,既然舍弃了欲望,我们的坚守,总要有点激励人心的力量吧。

后来,我明白了,舍弃欲望本身,就显示出了力量,正所谓"无欲则刚"。而坚守,不仅是力量的体现,更是光芒的闪耀!

坚 守

一

坚守,是一个很早就想聊聊的话题。但是,应该在信仰之后,还是在欲望之后去诠释坚守?坚守信仰和直面欲望,到底哪一个更能触动我的内心?哪一个更能让我有感而发?犹豫再三之后,我选择了后者。因为我认为,信仰当然需要去坚守。但坚守信仰,除了因为信仰本身,不还因为它给了我们一种观察世界、体悟人生的方法吗?它不正是要我们在这种方法和角度之下去做到"弃恶扬善"吗?也就是说,坚守信仰只是一种手段。目的是要通过这样的手段,去达到修身、克己,正确对待欲望,合理化解危机。

既然目的相同,那我们何不干脆直面欲望和危机,看看我们到底应该坚守什么?又到底应该如何坚守呢?

首先,我们要明白的是,坚守同时也意味着舍弃。所谓"自古忠孝两难全",在很多时候,你不能什么都要、什么都得到。这一方面,是因为时间和精力不够,做人做事总是要分清主次,或要有一个先后次序。这可能就是庄子说的"吾生也有涯,而知也无涯;以有涯随无涯,殆已"的深意吧。另一方面,是因为你不能贪得无厌,总要懂得适可而止的道理。"过犹不及"和"盛极必衰"就是前人给我们总结出来的道理和经验。

所以,无论从"不能",还是从"不为"两个方面,都提醒和告诫我们不能"贪得无厌"。或者说,如果你决意要"得陇望蜀",就要明白它的难度,清楚将要付出怎样的努力和代价!正如"自古忠孝两难全"那样,无论你选择"忠",还是选择"孝",坚守其中一个,势必就会舍弃另一个。

然而，这里的坚守和舍弃有像"猴子掰玉米"那样的所谓"丢弃""弃之不顾"，但也有像"咫尺天涯"那样的"心有灵犀一点通"。

藏传佛教格鲁派创始人宗喀巴大师，16岁前往西藏学经。因他一去不返，母亲想念得头发都白了，就托人将自己的一缕白发带给宗喀巴，希望自己临终前能见上儿子一面。但此时的宗喀巴，正在潜心学法修行，当时又正值教义混乱、戒律松弛、流弊严重的关键时期。无暇归家的宗喀巴，刺穿自己的鼻子，用鼻血画成一幅自画像，连同一卷"佛狮咆哮图"和一只"胜乐宝瓶"，遣弟子带给母亲，以示安慰。像宗喀巴大师这样，虽然不在母亲的身边，但我们很难将其定义为不孝。即使他母亲本人，看到儿子的所作所为，也一定会欣慰不已。

国难当头之时，我们很难想象，像岳飞那样的热血男儿，如果在家陪伴父母，他们的父母就一定会认为他们孝顺吗？事实上，"精忠报国"才是他们对父母最大的安慰。

舍弃有时候就是一种坚守，或者说，是坚守的一种代价。虽然有些无奈、有些悲壮，但足以荡气回肠、震撼人心。

反之，为了自己的权势地位漠视亲情，甚至不惜大开杀戒；为了获得蝇头小利出卖友情，甚至贱卖自己的人格和灵魂。这样的人和事，我们听到和见过的还少吗？远的不说，就是我们身边，"宁可坐在宝马车里哭，也不坐在自行车上笑"的观点不也甚嚣尘上吗？

实在弄不明白，他们在坚守着什么？难道就是对物质的那点欲望吗？就算在坚守欲望，难道不知道坚守是要付出代价的吗？

这样的代价，就是在历经"千难万险"之后，换来的到达"终点"时的那种名副其实、身心合一的愉悦。而不是表面的光鲜亮丽之后，再跌落万丈深渊般的万劫不复。

二

不管你希望得到什么，无论是追求物质的丰厚，还是致力于精神的满足，你都要明白，你一定要付出点什么。也就是说，你要知道，你"凭什么"去得到你想要的这些。除了坚守,我看只有等着"天上掉馅饼"了。而"天上掉馅饼"这事,谁能保证它一定会"砸"到自己呢?

这里说的坚守,和平常意义上的等待是有区别的。因为"守株待兔"的等待本身就只是一个"笑话",它的本意就是用来讽刺那些消极等待的人。那样的人,除了纯粹地等待一个极其偶然而又不可知的巧合,什么都不去做,什么都不会做。

而坚守则不同。它是一个动态的概念,也是一个由量变到质变的必然过程。它表面上沉静如水,实则在默默地积蓄着力量。它等待的是一个理性而又必然的机会和结果。

坚守要有等待,会有一个"默默无闻"的阶段,还会有"潜龙勿用"和"以待天时"这样的过程。原因就是你除了需要时间去努力,还一定要有一个代表成功的标志。就像"十年寒窗无人问,一举成名天下知"那样,只有"鱼跃龙门"之后,才能成就"鱼龙变幻"。

其实,这一点都不奇怪。任何比赛之前,实力都只是预测冠军的依据。只有在"冲线"的那一刹那,或分出输赢的那一瞬间,冠军才会真实而无争议地出现。这也是为什么有人自视"清高"而无人"认可"、自认"怀才"而始终"不遇"。道理不是很明显吗?他们缺少那个证明自己的"标志"。

同样,一首歌、一部戏就能捧红一个人,这里大部分原因还是"台下十年功"的坚守,终于有了"台上一分钟"的展示,从此标志着他们开启了自己的"星光大道"。而为了这个"标志",除了坚持完善自己、坚定走自己选择的路,你还需要守候和等待。就像你要参加奥运会,就必须等待四年一次的机会一样。那个在渭水河边用直钩,离水三尺而垂钓的"百家宗师"姜子牙,他是在钓鱼吗?他显然是在坚守中"学成文武艺"之后,等待一个"货卖帝王家"的机会。

由此可见,无论他们的目的是什么,他们的所作所为,一个是为"待价而沽"不遗余力地造势,一个是为"韬光养晦"千方百计地掩饰,他们都在"坚守"着他们的初衷。

坚守,当然包括不会随波逐流。听朋友讲,他认识的一个人,早年经商,有了一点积蓄,看到别人拍电影获利丰厚,就拿出一笔钱,拍了一部电影,结果连审片都没过。没多久,他又禁不住房地产暴利的诱惑,拿出剩下的家当,在三四线城市开发房地产。"外行"的他,这次算是彻底赔了个精光。

与他相反,有一个人,自经商开始就一直在某个行业。一路走来,这个行业也经历过政策的变化、市场的萎靡等各种危机。其间,也有很多人给他介绍过各种别的项目,但他始终坚持做自己熟悉的行业。他认为,自己在这一行业也算是"元老级"的人物,只要这一行业存在,他就一定会"有口饭吃"。果不其然,商场纵然有所沉浮,但他依然做得风生水起。

当然,不随波逐流,绝不是不能"调转船头"或"另起炉灶"。坚守,也绝不是执拗和顽固到"一条道跑到黑"和"不撞南墙不回头"。

这里面的区别和道理就是,你所坚守的看似是某一件具体的事情,但实质上,这件事情只是你坚守的一个载体。你实际和最终坚守的是一种理念,或者说是一种信仰。你只是要把这样的理念和信仰,通过某一件或几件具体的事情,落到实处。或者说,你只是要通过它们来实现你的人生价值,获得相应的预期回报。

在这样的理念或信仰之下,做什么和怎么做只不过是你顺势而为的具体的工作或是事业而已。只是你不能单纯地以利润为导向,而忽略其他所有的因素。

三

我们常说:"书中自有黄金屋,书中自有颜如玉,书中自有千钟粟。"表面看起来大家都是在坚持读书,但有的人是为了"中华之崛起"而读书,有的人是为了"路漫漫其修远兮,吾将上下而求索"去读书,又怎么会没人为了追求利益而读书?

就像经营企业,表面上看都在"将本求利",但有的是为了"改变世界",有的致力于打造"百年企业",还有的纯粹只是想做个"富翁"。面对这些初衷和目的的差异,就算不做"道德"层面的评判,仅就事情的发展来"就事论事"的话,我们也能看出他们的不同之处。

追求物质的满足做个"富翁",这应该没有错。问题是,你达成这样的初衷或目的之后呢?

这无外乎两种结果:一种是你尽情享受,甚至肆意挥霍,直到坐吃山空,重新回到"起跑线"。想要"东山再起"吗？恐怕不会那么容易。"由俭入奢易，由奢入俭难"，"锦衣玉食"很可能早已磨灭了你当初的那份坚守。就算你能"东山再起"，那又能怎样？不改变初衷的你，不还是在重复着这样"过山车般"的循环吗？

另一种结果，是你再去不断地攫取、积累财富，直到贪得无厌，直到欲壑难填。在这样的过程中，你势必会忽略亲情、友情等很多东西。因为你坚守的只是物质和财富。而被忽略的那些东西，也是你必须要付出的代价。结果可想而知，你终日只能和这些东西为伴。巴尔扎克在小说中塑造的葛朗台，就是虽有万贯家财，却既无家庭的温暖，也无亲情的幸福的一个典型代表。

然而，这些人毕竟实现了追求财富的目的。而那些有此初衷，但并没有达到目的的人，又会怎样呢？

那无外乎也会出现两种情况：一种是自卑、自贱到对那些有钱人趋炎附势、逢迎诌媚，甚至将他们奉上神坛，匍匐跪拜。总之，怎么恶心怎么来，怎么下贱怎么整。谁叫人家有钱呢？而他们完全不管别人为什么有钱、怎么积累到的财富。

另一种情况，则是因怨生恨、铤而走险，用诈骗、抢劫、盗窃等不法手段，企图去实现他们那注定可悲的"财富梦想"。他们在"坚守"的路上所遇到的种种坎坷和危机，又怎么可能不是由他们的初衷或目的而引发的呢？这种纯粹由于对物质的欲望而遭遇的危机，与那些为了"求真务实""黎民百姓"，或是"终极的幸福"的初衷和目的相比，有什么不同？后者难道就不会遇到危机吗？

显然，无论什么样的坚守，都会遭受坎坷，遇到困难。要不然，还需要什么坚守？而坚守，不就是"默默无闻"地克服一个一个艰难困苦的过程吗？而且，就后者的使命和担当来说，遇到的困难和阻力要比前者大得多。因为它不仅要走更远的路，还要背负更重的担子，这就是我们常说的"任重道远"。

正因为"任重道远"，所以才"不可以不弘毅"。而"弘毅"的意思，就是抱负远大、意志坚定。这才是我们说的真正的坚守。这样的坚守，一定是与一以贯之的理念或信仰同行。而这也恰恰是我们上述两种初衷或目的之间的根本不同。尽管两者都会遇到挫折、磨难，甚至后者可能会为此付出更大的代价。但是纯粹为了满足个人欲望的所谓"坚守"，遇到的将会是永远迈不过去的"坎"，怎么也走不出来的"死胡同"。

很显然，自始至终只知道围绕着那点所谓物质和利益打转的人，和一头蒙着眼睛转圈拉磨的驴子有几分神似。在他们的脚下，只要有一个"坑"，他们就会无数次陷进这个"坑"里。而且，他们还会把这个"坑"越踩越大，大到"被埋葬"而不自知。

相反，有的人的目标是在远方。一定有一个坚定的信念支撑他们走下去。他们做官，一定不会欺压百姓、中饱私囊，因为"先天下之忧而忧，后天下之乐而乐"是他们坚守的理念。他们做药，一定不会为了赚点黑心钱而草菅人命，因为"炮制虽繁必不敢省人工，品味虽贵必不敢减物力"是他们坚守的理念。他们做人做事，一定不会背信弃义、见利忘义，因为"为人谋而不忠乎？与朋友交而不信乎"是他们坚守的理念。

所以，我们这里说的坚守，既指能够耐得住"十年寒窗"的寂寞，也指能摒弃"纷纭繁杂"的诱惑，更指能保持那一以贯之的信念，或者说是信仰。因为信念或信仰，能够使我们挣脱所谓"一事一物"的羁绊，直达我们的内心，让我们看清自己真正需要和真正想要的到底是什么。不仅如此，它还能给我们指出方向，前进的方向；给予我们力量，正义的力量，使我们坦荡地奔向光明的远方。

本书以上所有的章节，都无法回避且一定要直面一个问题，那就是远见。因为以上聊到的所有话题，都和远见有着千丝万缕的联系。而且，放到远见里面，或用远见来解释，几乎都不成问题。

那么，远见到底具有什么样的特征？又会有什么具体的作用呢？接下来，我们就来聊聊远见这个话题。

远见

时间能够解决一切问题的说法,是不是有点消极?

那远见加上时间,就可以解决一切问题的说法,是不是就积极多了呢?

在此之前，本书聊的三十三个话题，没有任何一个话题是绝对的"高大全"。相应的，没有一味地抬高任何一个话题代表的意义。当然，也没有刻意地贬损任何一个话题应有的作用。

因为所处阶段的不同，所在环境的差异，所指对象的区别，以及主观的作用等，这些话题所反映出来的内容，似乎都存在正反两个方面。而这正反两个方面的内容，有时还是相互对立的、矛盾的。在我看起来，似乎都有些道理，也都有其合理的成分。

正如《易经》中的六十四卦，有六十三卦都是有"吉"有"凶"的。它们不是绝对的"吉"，当然也不是完全的"凶"。所谓"吉""凶"，完全看你自己怎么去自强不息、厚德载物般顺势而为。

唯有一个"谦卦"，是一"吉"到底。这就像远见，怎么赞美它都不过分。

对于我们遇到的所有困惑，看看能不能用"远见"来把它们解释清楚呢？

远　见

一

　　远见,顾名思义,就是具有长远的眼光。它常常和卓识彼此诠释、结伴出现,用来形容见识的高明和远大。

　　关于远见的例子,我们早已屡见不鲜。

　　林肯时代的美国国务卿施沃德,当年力排众议,以720万美元的价格把阿拉斯加州从俄国手里买了过来。这是一个什么样的价格概念呢?那就是每亩地六美分左右。应该说,即便在当时,这也是一个很便宜的价格。然而,当时的阿拉斯加冰天雪地,充其量只是一个海獭皮的生产基地。就连施沃德本人也不知道买下的这块地会有什么实际的用处。他只是感到价格还算便宜,想着要为子孙后代买下这块将来可能会有用处的土地。事实证明,他是有远见的。因为就在不久之后,人们发现阿拉斯加蕴藏丰富的金矿、石油资源。

　　很显然,当年施沃德决意买下阿拉斯加曾引起举国哗然。几乎所有的美国人都认为他的这一举动愚蠢至极。就连他本人也不知道用什么更好的理由来解释这一举动,才能让国民心悦诚服。但他知道的是,用还算便宜的价格买下这么大一块土地,将来一定会有用处。就这一点对于远见而言,也已是足够。

　　相比较那些认为阿拉斯加州只不过是一个"偏僻的小渔村",而割让出去也不怎么心疼的人来说,施沃德的远见不知道要高出他们多少倍。然而,更高明的是能够熟知天下大事,于纷纭繁杂之中抽丝剥茧、波诡云谲之中拨云见日,洞悉大势所趋、把握规律走向,并能"运筹帷幄、决胜千里"的那些人。也就是说,理论和实践、方向和步骤、战略和战术的完美结合,既"仰望星空",又"脚踏实地",

才是远见的重要标志。

这就像诸葛亮在隆中,回答刘备提出的"君谓计将安出"的问题时说的那样。诸葛亮首先陈述了天下大势,得出曹操和孙权羽翼已丰、气候已成,短期内不可撼动的结论。同时,又根据刘备的现状,进一步分析提出应该"联吴抗曹"的战略构想。然而,构想总归是构想,孔明先生怎么可能不明白,他想要的是联合,而不是被兼并。而联合,是要有"本钱"的。否则,一定会被兼并、被吞并。所以,为了壮大自己的力量,他又将目光转向"地势",把地理位置和人员优势相结合。选定荆州、益州作为用武之地和自己的大本营,先形成"三足鼎立"之势,再寻找机会,去成其霸业、复兴汉室。

至此,不得不说,任何的远见,都存在不确定性和不可预测性。也就是说,我们千万不要去神话任何所谓远见。因为远见只是在现有知识和经验的基础上,根据目前的时事和所处的阶段,对趋势和走向的一种判断和把握。因为理念不同、经验不同、层次不同、角度不同,甚至天赋和悟性不同,每个人在远见方面的表现就会不同,但也仅仅如此而已。这种差距远远没有达到"天壤"之别,远远没有达到"人神"的差异。因为我们还没有见过任何人,能够超越自己的学识和经验,凌驾于自己生活的时代之上,对无限的未来准确地表现出无限的远见。

其实,这也就是远见和预测的区别。依靠技术手段做预测的天气预报都有不是十分准确的时候,更何况远见更多的是以智慧的形式对趋势做判断。就连被后人推崇到"多智近妖"的诸葛亮,他的远见不也只是到"鼎足之势成矣"这个阶段吗?不也是没有预见到他设计的荆州、益州同时出兵的"钳形攻势"无法实施吗?他复兴汉室的战略,需要等待"天下有变",而具体什么时候"变",怎么"变",他一开始不也说不清、道不明吗?

这里还有一个例子能说明问题。汉朝开国皇帝刘邦临终时,吕后问他丞相的继任人选。刘邦说了大致这样的话:"萧何之后,可用曹参;曹参之后,可用王陵,但需要陈平辅助;至于周勃,可做太尉,以待日后安定刘氏江山。"等到吕后接着追问,他们这些人之后谁可接任时,刘邦回答说:"以后的事情不是你能够知道的了。"很显然,对丞相等职位的安排,"以布衣提三尺剑取天下"、阅尽人间沧桑的刘邦很明白,他在这个事情上的远见也只能到此为止了。

远　见

不要对远见和具有远见的人抱有神话般的迷恋，因为那样反而会混乱我们的思维、迷惑我们的视线，从而使我们混淆了远见的本质含义、湮灭了远见的实际作用。但还是要记住"智术之士，必远见而明察"的道理和事实。"智术之士"尚且有远见或必须有远见，那么，那些至圣先贤，那些水里火里蹚过来的饱经沧桑之人，又怎么可能不比我们普通人更有远见呢？

不可否认的是，很多时候，在某些问题上，那些至圣先贤确实有着独到的见解。他们不仅会毫无保留地把他们"悟到"或"证得"的见解和道理讲给我们听，还生怕我们听不懂，甚至不惜借用诸如"天命"或"神通"等一些手段，来辅助我们理解他们的远见。只不过，他们把我们后来普遍认为是科学的像"概率"这样的概念和名词，用"天命"或"神通"等一些名词代替罢了。

正如像"谋事在人，成事在天"和"诸苦所因，贪欲为本"这样的道理和远见，作为普通人的我们，可能一时难以理解，还不能悟透其作用。要不然，为什么有人努力付出，但没有得到自己预期的回报的时候，就会怨天尤人，甚至自暴自弃？

尤其是对于"诸苦所因，贪欲为本"这类的远见，不仅是我们，就连当年跟随佛陀修行的某些"比丘"，以及佛陀的弟弟"难陀"，也曾受"贪欲"所困。佛陀针对这样的实际情况，不仅"总结理论"去"讲经说法"，还"深入实际"去"因材施教"。以脱离"情欲"之苦为例，我们来看看佛陀是怎样"普度众生"的。由此，我们也感受一下所谓远见，是不是仅是一个宏大但虚无缥缈的口号式的存在？是不是完全不用脚踏实地、躬身实践？

当年，跟随佛陀修行的一位"比丘"为情欲所困，被一位女子的美貌所吸引，无法静心修行，请求离开僧团，打算回家与这位女子结婚。佛陀答应了这位"比丘"的请求，但给他三天辞别的时间，并要他珍惜这三天的因缘，再用心去读读"九想观"。所谓"九想观"，就是对肉体，也可以说是对尸体，从"淤、烂、脓、胀"等九个方面的丑恶形相，总结出来的九种"观想"。目的就是要通过这种"剥开现象看本质"的方式，使人们断绝对所谓"肉体"的执着。果不其然，"带着问题去学习"的这位"比丘"，通过三天的诵读和感悟，对生命有了更深一层的认识，从而放下了对"情欲"的执着，不再离开僧团。

对"出家修行"的人如此，那对于还没有"出家"的人，佛陀又是怎么"教育"的呢？

故事中说,有一天,佛陀来到弟弟难陀的家门前。难陀说他最近刚结婚不久,娶的妻子非常漂亮,现在一点时间也没有,整天只是陪着这位美丽的妻子。他认为:"人生最快乐的事情就是拥有这样美丽的妻子,至于其他任何事情,再也不会去关心了。"

弟弟的表白和现状,令佛陀感到非常难过。他知道,仅仅依靠"诵经"式的"理论"教育,很难使难陀"回头是岸"。于是,他施展"神通",带难陀到"天堂"和"地狱"走了一遭。"天堂"的美轮美奂,尤其是"天女"们美貌绝伦,使难陀感到原来他以为美丽的妻子,和这些"天女"相比,简直丑陋得如同山间的母猴。而来到"地狱",那种种阴森恐怖的景象又令难陀魂飞魄散、心生恐惧。两者一对比,既可能享受"天堂极乐",也可能遭受"地狱磨难"的事实,使难陀终于明白人生的"无常",彻底断绝了"贪、嗔、痴"。

这就是"佛陀度化亲弟弟,难陀终证阿罗汉"的故事。这个故事当然有它要表达的原意。但我们只是借这个故事来说明,即使你如佛陀般大彻大悟,你的远见确实"极富正义的力量"和"人道主义的精神",但不去积极地弘扬、努力地实施,只是一个"口号"而已,那与"空想"有什么区别?

佛陀"悟道"之后,尚且要去"弘法",要如此去"普度众生"。我们在"奇思妙想"之后,怎么可能不去实施呢?从这个角度看,我们常听到的那句"现在缺的不是气壮山河的战略家,缺的是脚踏实地的实干家"是不是有些道理呢?

二

在了解远见的基本特征和表现方式之后,我们是不是很想知道什么人会有远见?他们又怎么会有远见呢?也就是说,远见是怎么来的?我们要怎么做,才能具有远见呢?

毋庸置疑,那些至圣先贤是有远见的。他们的远见大体分为两种形式:一种是从历史的角度出发,即从社会秩序、人伦关系及生产发展等方面,偏重于对未来社会的构想和实施。另一种是从人性的角度出发,即从生命的意义、苦乐的根源及终极的关怀等方面,偏重于对未来人类本身的构想和实施。

两者的差别只是由于偏重的角度不同,或者说,切入点不同,所呈现的形式自然就会不同。这里面没有谁高谁低,更没有谁对谁错,除非你"南辕北辙""节外生枝""动机不纯"。这就像同样看到一个人萎靡不振时,有的人会从病理的角度去"治病救人",有的人则会从心理的角度去"开解疏导"。同样都是"救国",有人坚持"实业救国",有人坚持"教育救国",还有人会"投笔从戎"。尽管形式各异,但都殊途同归。

之所以会出现种种不同的形式,一方面当然是"条条道路通罗马",到达目标的道路从来都不是"自古华山一条道"。这也是世界会如此多彩的原因之一吧。另一方面,是每一个人观察世界的角度不同、能力不同,或生活的时代不同、经历不同,他们在远见上的表现自然也会有所不同。

尽管他们存在种种的不同,但至少有几个共同特征:那就是"读万卷书,行万里路",那就是"追根溯源""把握规律"。更重要的,是他们"天下为公"的情怀,甚至"我不入地狱,谁入地狱"般的担当。像孔子读《易》,韦编三绝那样,因为勤奋读书,而多次翻断用熟牛皮做的编联竹简的带子;像墨子,常为"非攻""兼爱"的主张奔走呼号,曾为制止楚国攻宋而连续行走十昼夜赶往楚国;像佛陀,曾发愿不证得大道,永不离开打坐之地。最终,佛陀从人生的本质和根源上,体悟出了苦、集、灭、道四条人生真理,也就是佛教的"四圣谛"。

这些至圣先贤,无疑都是心系国家、百姓,甚至关怀每一个人的。如此的胸怀、如此的勤勉、如此的悟性,当然是催生远见的不竭源泉。

那么,对于我们芸芸众生来说,应该如何理解和认识能够催生这些远见的根源呢?这样的根源又怎么能为我们普通人所用呢?

首先,我们一定要明白这样一个事实:帝王将相不一定会比布衣百姓有远见,达官贵人也不一定比贩夫走卒有远见。刘邦说得明白。他夺取天下,萧何、张良和韩信三个人功劳最大。理由已经众所周知,并深以为然。这里自不必多说。我要说的是,萧何不仅推荐了韩信,还上演了著名的"萧何月下追韩信"的故事。萧何在人才方面的远见无疑在刘邦之上。要知道,是张良力劝先入咸阳的刘邦,"封存府库,还军霸上"。张良在政治形势方面的远见,无疑高过刘邦一筹。韩信的"汉中对"更是把战略条件、战略方向、战略进攻和战略手段融为一体,并给出了整体解决方案。韩信在军事战略方面的远见，无疑令刘邦望尘莫及。

而且，我们在前文中曾聊过，世俗的"出将入相"，有一个不可回避的问题，那就是"资格"。

袁绍没有什么远见，但"四世三公"的"资格"，就能让他成为"天下诸侯盟主"。说出"百姓没有饭吃，为什么不吃点肉粥"的晋惠帝有什么远见，不照样能够坐在皇帝的位子上吗？但同样不能忘记的是，资格可能是"登堂入室"的"敲门砖"，却绝不是"永享富贵"的"通行证"。它是你祖上"福泽"的延续。你如果不继续"添薪加柴"的话，这"福泽"的火苗迟早会熄灭在你的手上。

虽然如此，但我们不能极端地认为：所有世俗的"权势财富"拥有者都没有远见，都是依靠"资格"的无能之辈。要知道，资格有家族给予的，也有自己争取的。无论如何，有资格至少说明，他和他的家族曾经努力过、辉煌过，曾经建立过功勋、做出过贡献。而这些，至少能够给他们带来自信，使他们看起来更有规矩，但也仅此而已。至于像某些人说的，只要是"贵族"，就会具有什么样的精神，我看那纯粹就是一种可怜又可悲的"梦呓"。因为"精神"不会遗传，它需要传承，需要刻意的坚守。

通过两个方面的对比，我们清楚地看到，身份、地位和财富等外在的因素，不是具有远见的充分且必要的条件，"情怀"才是。当然，这里的"情怀"，虽然不能要求必须像至圣先贤们那样的"至仁至善"和"悲天悯人"，但一定要有足够的执着和坚持。心无旁骛的执着，一以贯之的坚持，不受外界的纷扰和诱惑，不会心猿意马，更不会"三天打鱼，两天晒网"。这里说的执着和坚持，倒不是说我们仅仅防范物质和利益的诱惑就足够了。也不是说，只要我们修身自省，完善自我就足够了。也不单单指对某一件事，或某一项事业的执着和坚持。只是在这里，我更想强调的，是对事物的本质和根源，对事物的规律和趋势的执着和坚持。

为了这份坚守，你要对你所从事的事业作深入透彻的了解；要克服千难万险去寻根求源；不能被自己的情绪和喜好左右而放弃对规律的把握；更不能受到所谓"声色犬马"的诱惑而停滞不前。还有，你不能"一叶障目，不见泰山"；不能因"不求无功，但求无过"而不敢发出自己的声音；更不能因畏惧而变得"亦步亦趋"，从而极力回避矛盾，尽量躲闪规律……

所以，不管什么原因和际遇，一个人如果长期深入某一个领域，只要他不是太不堪，就很可能对这一领域有自己独特的见解，而他对这一领域的远见，很可能会有一定的价值。因为远见需要经验及经验的总结，需要专业及专业的积淀，还需要一定的位置和角度，以及在这样的位置和角度上的观察。这其实也是任何人都可能具备远见这个特质的根本原因。只不过，你需要排除干扰远见的一切因素，才能将远见这样的特质发扬光大。

三

为什么要将远见这样的特质发扬光大？也就是说，我们为什么要有远见？远见能带给我们什么呢？

如果说"时间可以解决一切问题"的言论有点消极的话，那么"远见再加上时间就可以解决一切问题"是不是就有了一点积极的意义呢？显而易见，前者是被动地等待，后者是主动地作为。

我们要认识到，愿意并且能够指出方向，本身就是具有远见的一种实际表现。显而易见，没有对未来强烈的预期和对趋势正确的把握，你怎么可能指出那个切实的方向？而要寻找机会、把握规律，又怎么可能离得开远见呢？

"潜龙勿用"本身就是一个等待的过程。而对于等待，我们再熟悉不过了。堵车需要等待，排队就是等待，种下去的种子需要等待它开花结果。然而，很多时候，很多人，在需要等待的事情上，变得越来越不愿等待。有的焦躁不安，甚至怒火中烧，大打出手。像"路怒症"，像那些在排队时，一言不合就拳脚相向的事情，我们见得还少吗？还有的急功近利，只想着怎么才能够毕其功于一役。所以，对"拔苗助长"这样的事情就会特别热衷，甚至趋之若鹜。

当然，出现这种现象的原因肯定是多方面的。但缺乏远见必然是重要的原因之一。而缺乏这种类型的远见，其原因就是缺乏对事物规律的深入了解。或者说，在这些人的内心深处，根本没有对规律抱有丝毫的敬畏。因为企图超越规律的任何行为，一定是在对原有规律透彻了解的基础上，首先去改变原有的规律，再依据新的规律顺势而为，而不是漠视规律去胡作非为。而等待，就是在一定的规律之下,动态地、积极地去寻找能够契合这种规律的机会,从而遵循规律,尽快达到你的目的。

所以,最快达到目的地的路径,只可能是和规律无限趋近的那一条,而不是超越规律的任何一条。而且,你的任何远见,都必须基于规律,不管是原有的规律,还是你寻找到的新的规律。

也就是说,规律是远见的基础和源泉。等待机会,是成全其远见的必备素质和基本要求。而等待,又必须是一个动态和积极的过程。

这样的规律,就是你突破和变通的依据,也是底线的保障。因为你要前行,就一定会有突破或变通。而如何突破?这样的突破有没有底线?所有的这些,都需要由规律来约束和框定。稍微放长一点眼光,稍微有一点远见,就应该知道,违背规律,一定会受到规律的惩罚,万事万物概莫能外。

这样的道理简单而明了。由于合力作用形成的规律,你因私利打算以一己之力而改变它,那无疑是"搬起石头,砸自己的脚"。就算你对这样的道理不甚理解,也应该对这样的事例屡见不鲜吧?而违背规律的所作所为,怎么不是因缺乏远见,而只看到眼前这点诱惑的表现呢?即便是在敬畏规律的基础上,开始人生的远行,也绝不可能就是一帆风顺,又怎么可能不遇到形形色色的问题和困惑呢?

在汲取知识和借鉴经验以充实自己的过程中,"天赋""为学""争气"和"专业"等是怎么也绕不过去的话题。在个性的形成过程中,诸如"面子""负重""拒绝"和"情绪"等,又怎么会起不到潜移默化的作用呢?

而在你如何看待这个世界的问题上,怎么可能离开一定的"视角"?怎么可能没有像"抗争"或"妥协"这样的立场?怎么能够缺少像"宽容""信任"这样的胸怀?又怎么可能不受到像"个性""崇拜"这样的影响?

在你有能力去改造这个世界的时候,你是"势利"的吗?你会去使用"心机"吗?你的所作所为是在"表演",还是一种"幌子"?你是固守一定的"圈子",还是有更大的"格局"?

在你看惯了"秋月春风",可以淡然谈笑人生的时候,回望来时的路,你对"气数""仪式"等话题有什么感悟?你对"危机"和"坚守"会有怎样的诠释?你对人生的"修行"又会有什么样的心得体会?

对于所有这些，每个人的表现不尽相同。由于资源的有限、规则的模糊、信念的摇摆，或者风气使然、上行下效、欲望所致，一些人把敬重演绎成了逢迎，把悲悯演绎成了施舍。我们见没见过在所谓"大人物"面前唯唯诺诺，甚至不能完整表达自己观点的人？我们又见没见到过在"小人物"面前大放厥词，言行举止流露出高人一等的优越感的人？一些人舍弃了稳健厚重而急功近利，舍弃正才大道而耍起了手腕心机，还美其名曰："此行为自古皆然"。

单就满足私欲来说，但凡有那么一点远见的话，就会知道，这要和自己的身份地位，以及自己的付出相得益彰。不然的话，拿到的迟早会再拿出来，吃下去的迟早会再吐出来。

就算从私欲的角度，也要用一点远见来避免灾祸的降临。有一个故事能够很好地说明这样的道理。

宋真宗时，刘皇后无子。恰逢后宫李妃生子，真宗便命刘皇后认下了这个儿子，这便是后来的宋仁宗。随着时间的推移，刘皇后与仁宗母慈子孝，只是可怜了仁宗的生母李妃。亲生母子不能相认，都是因为当时没有人敢于说破这件事情的真相。直到李妃病死，仁宗都不知道她是自己的亲生母亲。在李妃葬礼规格的问题上，刘太后和当时的宰相吕夷简出现了严重分歧，一个要求薄葬，一个坚决要求厚葬。在刘太后理解了吕夷简为刘氏宗族长远考虑的苦心之后，李妃终于得以风光大葬。后来，事情的发展果然不出吕夷简所料，大权独揽的仁宗得知李妃是自己的生母后，决意要隆重改葬母亲，并清算刘氏一族。但在他开棺看到厚葬李妃的事实之后，不禁心生感激和愧疚，反而更加优待刘氏宗族。

这就说明，即便你是以私欲为出发点去考虑问题，也不能短视到只看眼前的那点利益。

对于远见，我有一个特别的期待。那就是，我们现在所遇到的问题，从远见的角度出发，应该都是可以解决的问题，或者说，都是可以期待能够解决的问题。当各安其位、各尽其分，各负其责、各尽所能，并能各取所需的时候，我们前面谈到的所有问题和困惑，是不是都将迎刃而解呢？

如果以上表述过于抽象，或不能直达你的内心，使你坚信不疑，那么，换个说法，看看你能不能认同。

人的成长,有这样四个阶段。或者说人的分类,有这样四种类型。那就是自然、功利、德行公义和天地造化。普通人在自然和功利的境界踯躅、彷徨;英雄贤达则在德行公义的境界,正其义不谋其利般公而不在私;那些至圣先贤,在天地造化的境界中"赞天地之化育"。

境界与层次不同,或者说阶段与过程不同,想法和做法自然就会不同。但无论如何,你在到达设定目标的过程中,多一点远见,给远见多一点信心;多一点磊落,给磊落多一点行动,使自己无愧于这个目标,并成为实现这个目标的一员。至少,自己的言行举止也应该使自己心安理得,尽可能地无愧于自己的良知。

◎ 后 记

隔三岔五地舞文弄墨

一

本书写作的过程，虽不算太艰辛，却也时日漫长。说不艰辛，那是因为没有赶工的心态。正是少了时间的限制，才有了这份所谓"摩挲把玩"和"切磋琢磨"的自由。而这才是我真正想要的，也是把本书定名为"隔三岔五"的初衷。至于为什么会时日漫长，只不过是在这样的初衷下，必须付出的代价而已。

先前看到此书名和部分书稿的三五好友，总是疑惑为什么会把此书定名为"隔三岔五"？而我也以这样的初衷回答他们的疑问。之后，每一位提前看到书名和部分书稿的亲朋好友，几乎都有这样的疑问。

随着这种疑问的接踵而至，我在一一回答他们的过程中，渐渐发现，原来自己不仅仅是对"隔三岔五"这个书名情有独钟，更对"隔三岔五"这种思维和生活方式保有浓厚的兴趣。

人的一生，总是会有一些闲暇时光。十多年前，我在养病的一个多月里，真正体会到了这种百无聊赖。静养期间，"胡思乱想"几乎成了我唯一能做，而又没人干涉的事情。也就是从那时起，我琢磨着写点什么以慰藉、宣泄、补憾、纪念，琢磨着通过这样的形式消遣掉无聊的时间，总比无所事事更能让自己心安理得一点。

我开始了真正的构思。天马行空一番过后，我自信找到了自己想说的话。想说的话喷涌而出，奋笔疾书也就顺理成章了。

但很长一段时间过去，手稿虽在与日俱增，我却越来越纠结和拧巴，想说的话往往不能淋漓尽致地表达，想表达的观点往往不能娓娓道来。就像在九曲十八弯的山路上开车那样，一脚油门，一脚刹车，不要说坐车的人，就连开车的人也晕得想吐。于是，我停止了这种磕磕绊绊的写作，开始回看以前的手稿，思索问题所在。又过了很长的一段时间，渐渐地，我似乎找到了问题的答案。那就是，一开始想说的话太多，一会儿说东，一会儿指西，还夹杂着骤然转向南北。这种毫无章法的急切表达，恰似咆哮的江水遇到了截流大坝，骤然失去了汪洋恣肆的澎湃，只能在大坝前回旋、打转。而大坝的下游，却干涸得见不到一条涓涓细流。

这种铺陈和结构，怎么可能成就那整条"江河"的壮观呢？我太过关注内容，而忽略了承载这些内容的形式。而文章的结构分明就是更自然、更顺畅地表达内容的载体。就这样，从契机到构思，从内容到结构，从初拟到反思，几经推翻，重来，虽然一路磕磕绊绊、跌跌撞撞，但总算明确了基本的方向，找到了开始的道路。

在为了事业，朝九晚五，甚至加班加点，奉献出一天中精力最充沛的时间之余；在为了谋生，刻苦、努力地尽快去掌握一技之长之余；在为了家庭，为了亲情，陪伴、嬉戏，尽享天伦之乐之余，才是真正属于个人的时间。为了消磨这样的时光，且消磨得有点意思，我找到了自己真正喜欢、真正想做并能够去做的事情。就是自己跟自己聊聊天、说说话、谈谈心，无胁迫、无压力、无谄媚、无谎言，从而真正做到心安理得，并将其记录下来，与志同道合的人共品读。

这也就是当有人问我此书的阅读对象是谁时，我一开始茫然不知所措的原因。因为他们认为写文章之初，就要明确阅读对象，而我从来就没有考虑过这样的问题。现在既然有人好心提出来了，我也认为这确实是一个问题。然后我做了非常认真的思考，结论就是：我真的就是写给自己的，充其量是写给那些和我心意相通，或者说是"臭味相投"的人的。

二

说是隔三岔五，其本意就是利用一些纯属个人的闲散时间，像排队时、等车时、坐地铁时，来"胡思乱想"，自己给自己出个题目，再给自己解答一番，顺带根

后 记

据这样的解答杜撰出一个一个小故事。嬉笑怒骂之余,观察别人、审视自己。回望来时的路后,对于前行,看能不能看得更远,看得更清醒。

就这样,我沉醉其中。

然而,真正开始构思并落笔成文时,我才发现这根本不是什么"隔三岔五"的事。看似在排队时才开始的"胡思乱想",等轮到我到窗口办理业务时,我竟恍惚得好久都没有想起来自己到底是来干什么的。看似在夜深人静时,只是要记录下白天想好的一小段故事,然而,不经意间抬头,窗外已是大亮。长时间对时间和空间无数次转换后,才哑然失笑,原来自己已经坐在这里快10个小时了。

我明白,这不是我想要的,因为它违背了我"隔三岔五"的初衷。这种违背,在之后的很长一段时间内,超出了我心理和生理的承受范围,并隔绝着我博采众长的通路。

父母年迈,随我定居北京,人地生疏。尽管他们永远都是在告诫我要工作第一,但我十分清楚,他们是多么盼望和我待在一起的时间能够久一点,再久一点。就像我小时候,盼着能和他们须臾不离一样。所以,之后我每次下班回家,总是要在楼下按门禁,让住在高层的父母开门。好多次楼下大门开着,我还是要去按一下门禁,目的就是要他们能够哪怕提前几分钟知道我回来了也好。

可是,现在的我,即使在家和父母聊天,也总是心不在焉。有好几次,我都声称自己要想点事情,而粗暴地打断他们的问话。等到我瞥见他们那落寞的神情时,心里又会涌起不忍,然后没话找话地去和父母唠家常。

对父母如此,对爱人也是这样。原本下班到家,吃过饭、做完家务之后,同追一部电视剧,叽叽喳喳、各抒己见,就着故事情节各自发表评论,让步也好,包容也罢,最后总是能够就某一观点达成基本共识,洗洗睡去。然而现在,我关上小屋的门,沉醉在自己构想的世界里的时候,总会瞥见那道关上的门时不时地被推开一条小缝,伸进半个脑袋,许久,轻轻地飘来一句:"还没写完呀?"而我,往往会被这样的"打扰",搞得甚至火冒三丈。

一段时间过去,父母的话渐渐少了,尤其是看到我若有所思的时候。爱人也不怎么就某一新闻或故事情节抢着和我表达观点了。我怎么可能不明白,他们都是为了支持我的兴趣和爱好,而慢慢地改变着以前的习惯,渐渐地形成了现在这样的习惯。其实,什么样的习惯倒也无可厚非。可是我们原来的习惯,是基于亲情和爱情自然而然形成的。而现在的习惯,却是因为我一个人而改变的。

更重要的是,我喜欢以前的氛围,珍视原来的习惯。同样,我也能切实地感觉到,我们家无一例外都非常适应原来的习惯。如同我在书中所说,一个人要想做点什么,毋庸置疑就要牺牲点什么,机会成本也好,选择性缺失也罢。关键是这样的牺牲和缺失,对于你来说,值不值得。

我想衡量的标准首先就是你的心理承受能力。就像为了满足我的兴趣爱好,去扰乱和改变我们原本其乐融融的家庭氛围,我认为不值得。我宁可慢下来。多慢我都能接受,只要不改变我们的生活习惯。否则,渐渐地,我一定会对原本兴趣盎然的爱好感到索然无味。这也就是我坚持认为技能型、学历型的学习,要尽可能早点开始的原因。越往后,你的角色越多,背负的责任越大,俗务就越多,不可避免地会影响到心无旁骛的学习。但隔三岔五的方式,还是很有必要且很实用的。

这个衡量的标准,当然还包括你的生理承受能力。就像我刚开始实践自己的兴趣爱好时那样,欣喜若狂地自认为找到了填补一切闲暇时间的事情。一有空闲就琢磨思考,抽出时间就奋笔疾书,勾勾画画、涂抹修改。虽是文字,却像在作画;虽是语言,却像在谱曲。为了一个词绞尽脑汁,为了一句话反复揣摩,搞得自己真像大师一般。甚至每天睡着前,躺在床上,都会莫名升腾起一阵阵甜蜜的幸福感。心里想着,似这般安静的时间,正是构思的天赐良机。事实上,刚开始我也是每天伴着这样的甜蜜入眠的。

然而,好景不长,随着没完没了的思考、无休无止的琢磨,原来那种对文字及其组合的美妙感觉,好像在慢慢地消磨、渐渐地流逝。

后来的一段时间,竟然发展到只要一思考,一拿起笔,一看到我写的文字,就有一种眩晕和想呕吐的感觉,对文字产生了前所未有的恐惧和厌烦。这种从身体最深处透出的心力交瘁和灵感枯竭,使我不得不停止了思考和写作。我知道,这种状态和方式,已经超出了我身体的承受范围。

这也就是我坚持认为"主观能动性"绝不是万能的根本原因。至少,它需要你的肉体作为依托,而我们每一个"凡夫俗子",绝无可能成为"金刚不坏之躯"。

所以,张弛有度,从这个意义上讲,真的就是"文武正道"。幸好,我找到了这条正道。我给它起了个新名字,叫"隔三岔五"。

三

虽然,不可能让狂奔的骏马骤然停下,就像不可能在文意正浓之时马上搁笔一样。这时候,还是需要你用"主观能动性"去坚持一下。

而且,任何事情,不说做得多么成功,就算只是保证让自己满意,把它坚持做完,你也不能"三天打鱼,两天晒网",更不能"虎头蛇尾"。更重要的是,在这个过程中,你必须要有集中所有的力量去打几场"歼灭战"的准备。

但是,做任何事情,一旦到需要坚持的阶段,就是需要减速的阶段,而绝不是"策马狂奔"。否则,你很有可能会因心理和生理的不适而就此止步。半途而废的事情也就这样悄然发生了。就像在长跑中,必然会有一段特别疲惫的时间。这时候,就需要你放慢脚步,调整气息与状态,等待这段疲惫期过后,才更有力量去加速追赶。

当然,这里说的"放慢脚步",绝不是任何形式的"停下脚步",而是一个调整、适应和积蓄的动态过程。这也是我在业余生活和兴趣爱好方面,极力推崇"隔三岔五"这种方式的根本原因。

不操切、不间断、不极端、不偷懒,随心、随性、随情,从容、深刻、悠远,似暮鼓晨钟,像小溪潺潺。即便没有惊涛拍岸,缺少力挽狂澜,受视野所限,如坐井观天,但那就是你最真实的所思所想、所琢所磨和所识所见,是真正属于自己的标签。依此标签,可以立身处世,不卑不亢;可以清醒远行,不急不缓;可以直面困苦,不焦不躁;可以迎接光荣,受之坦然。

然而,不得不承认,接受、掌握和熟练运用"隔三岔五"这种方式和技巧,对大多数人来说,将会是一条漫漫长路。"虎头蛇尾""浅尝辄止",甚至"三分钟热度"这样的词语,都是对那些刚开始激情万丈,稍后无疾而终做派的生动描述。很显然,他们没有领悟"隔三岔五"的真谛,没有掌握"隔三岔五"的技巧。

"隔三岔五"作为一种方式,其实质也是一门技术。既然是技术,就要从实践中得来,从学习中得来。与生俱来这种好事,最好不要认为它会发生在自己的身上。事实上,它往往发生在"别人"的身上。

谁不希望一蹴而就?谁不希望事半功倍?没有历尽沧桑,谁都懒得去理会什么"隔三岔五"。些许的漫长和稍微的等待及回味,都会令他们避之不及、嗤之以鼻。他们要的是"一往无前",他们要的是"竭泽而渔",他们要的是"唾手可得",他们要的是"急功近利"。哪有时间去品味什么"春华秋实"?哪有工夫去琢磨什么"榫头卯眼"?哪有情趣去欣赏什么"月圆中秋"?哪有格局去营造什么"福泽绵长"?

其实,你我很可能就是他们当中的一员,至少曾经是。因为那时,我们还没有掌握"隔三岔五"的技巧。

就像我写作此书。刚开始,自以为凭借一己之力,短时间内便可完成。于是,打足精神,开始了近乎不眠不休的思考和写作。一段时间过后,不仅生理和心理感到不堪重负,而且我的思维越来越偏激,我的文字越来越晦涩。所有的这些,致使我越来越感觉到自己正在走向一条死胡同。

仅仅凭借自己的热情,仅仅依据自己的经历,仅仅抒发自己的感悟而一味地赶工,这哪里还是在和灵魂对话?这哪里还是在和心灵沟通?

我开始明白,不能独坐小窗,隔绝我博采众长的通路;不能为了赶工,放弃广泛的阅读和深入的探讨;不能为某一件自己很喜欢的事情,而对其他的事情都置之不理;不能仅仅凭借热情就期望能够去完成一项工程;不能只有硬度而缺乏韧性……

是时候学会什么是兼容并蓄;

是时候认识到什么是任重道远;

是时候做到什么是主次分明;

是时候用自己的行动来诠释什么是真正的"隔三岔五"了……

慢下来,是为了学习和借鉴,更是为了稳健地前行,于是有了《借鉴》这个章节。

意识到了个人的偏激,和家人、朋友及同事聊天后,感悟到每个人看问题都会有自己不同的视野,于是有了《视角》这一章节。

和朋友一块滑雪,一件小事引发争论,拟就了《宽容》。

后 记

受友人启发,有了《突破》。

所有这些文章,都是在家人和朋友的支持、帮助,甚至是争论、批评中逐渐汇聚而成的。

我倍加珍惜,珍惜亲情和友情,珍惜他们的全情支持和直言批评。当然,我还感恩一切与自己有过直接或间接交集的人、事、物。不管是正面的,还是负面的;不管是积极的,还是颓废的;不管是阳光的,还是阴暗的。只要有过一面之缘,有点蛛丝马迹就证明,我和这些人、事、物曾经有过千丝万缕的联系。而有这样的交集,至少说明,我和他们或曾有过共同成长的土壤。而他们也必将对我有着或多或少、或好或坏的潜移默化的影响。

而向对手学习,向苦难借鉴,向阴暗挑战,怎么可能不是成长的重要方式呢?

我唯有如切如磋、如琢如磨,唯有披肝沥胆、坦诚相见,唯有集腋成裘、持续前行,才能回报他们的牺牲、爱护与付出之万一。

幸好,随着我阅读、阅历和感悟的广泛和深入,我能够坚持写下去。今天可以是散文,明天就可能是小说,后天或许会以剧本的形式呈现出来。

因为生命不止,和心灵的对话怎么可能终止?

有了生命的依托,那么,还没有终止的对话,其变换的只是形式而已。形式变换的目的,就是要增加可读性和趣味性,而谁会不喜欢"引人入胜"的快乐呢?